Welpen erziehen
mit dem Rudelkonzept

ULI KÖPPEL

Welpen erziehen

mit dem Rudelkonzept

Der Weg zu einer vertrauensvollen Beziehung

Was Sie in diesem Buch finden

Die Entscheidung für einen Hund

Sind wir nicht seltsam berührt, wenn uns ein Welpe mit seinen aufmerksamen Augen anschaut? Er signalisiert, dass er sein ganzes Hundeleben lang unser treuer Begleiter sein möchte. Dass es eine harmonische Beziehung wird, das liegt ausschließlich an uns. Und der Grundstein wird bereits bei der Auswahl des Welpen gelegt. In diesem Kapitel erfahren Sie, worauf Sie dabei achten sollten.

Was Sie sich vor der Anschaffung fragen sollten

»Warum will ich einen Hund?«, so sollte die erste Frage für jeden Menschen lauten, der sich einen solchen anschaffen möchte. Womöglich weil eine Rasse, die einem schon länger gefallen hat, »Mode« geworden ist und man deswegen jetzt endlich »zugreift«? Müller-Hempels haben schließlich auch schon einen – ausgerechnet die! Oder man hat die klassische »Frau-Haus-Kind-Karriere« hinter sich und ist jetzt fast am Ziel seiner Träume – nur der Hund fehlt noch zum Glück auf Erden? Vielleicht will man aber auch nur die Sportart wechseln. Golf spielen war doch etwas zu langweilig, und für einen neuen Porsche fehlt nach der Scheidung das nötige Kleingeld. So kommt man auf den Hund, den sogenannten Gebrauchshund, mit dem man dann »Hundesport« betreibt.

Bei anderen führt der Weg nach der Scheidung auch zum Hund, nämlich als Partnerersatz. Bei Ehepaaren dagegen, denen die Scheidung erspart blieb, aber leider auch der Nachwuchs, dient er als Kinderersatz. Diese Beispiele genügen wohl. Ich glaube, Sie wissen, was ich meine: Man sollte andere Beweggründe für die Anschaffung eines Hundes haben.

Aber ausschlaggebend sollten auch nicht die Ausstellungssiege sein, die er errungen hat, oder seine grandiose Ahnentafel, in der nur Weltsieger, Europasieger & Co. verewigt sind, und dies »vererbt« sich ja bekanntermaßen. Lediglich der Titel des »Mr. Universum« fehlt darauf, was aber nur eine Frage der Zeit ist ...

Wem es um Hunde geht, der weiß dies alles natürlich. Es war ja auch nur zur Erinnerung – der Mensch ist ja bekanntlich vergesslich. Der einzige Grund zur Anschaffung eines Hundes sollte wirklich nur dieser sein: »Ich will einen Hund um des Hundes willen«, denn ein Hund ist ein Hund ist ein Hund!

> ### Hund als Statussymbol?
> **Kein Modetrend oder Profilierungswille sollte Motivation für die Anschaffung eines Hundes sein, sondern der Gedanke an eine innige und wunderbare Beziehung zu diesem hoch entwickelten Tier!**

Wie kam der Hund auf den Menschen?

Tja, und deswegen sollten wir uns zuerst einmal ansehen, wie und warum der Hund überhaupt zu uns Menschen gekommen ist. Frei nach Konrad Lorenz: »Wie kam der Hund auf den Menschen?« Oder, anders gefragt, wie ging die Domestikation des Wolfes zum Hund vor sich?

Womit wir bei der Stammesgeschichte unserer Hunde wären. Denn über was der Besitzer eines sogenannten Rassehundes neben dem »Stammbaum« oder der »Ahnentafel« seines Hundes ebenso Bescheid wissen sollte, ist, dass dieser zu 100 % ein Wolf ist, von dem er in gerader Linie abstammt. Dass es seinen Schäferhund, Border-Collie oder Golden Retriever und die anderen Rassehunde nur gibt, weil irgendwann in der Evolution sein Stammvater, der Wolf, aufgetaucht ist. Da ist schon ein faszinierendes Stück Evolutionsgeschichte passiert, als sich aus einem spitzmausartigen Tier, dem »Urbeutegreifer«, über andere, schon hundeartige Ahnen der Wolf entwickelte!

Und schließlich tauchte im Rahmen der gleichen Evolutionsgeschichte der Mensch auf, der in kürzester Zeit daranging, das jahrmillionenalte Gleichgewicht, das zwischen der Pflanzen- und Tierwelt besteht, so schnell wie möglich zu zerstören. Er ruiniert mit Chemie die Agrarböden, die ihn ernähren, er zerstört mit Ölpestkatastrophen die Weltmeere – und damit am Schluss seine eigene Existenz. Egal, solange der Rubel rollt ...

Und der rollt auch in der »Hundeszene«. Man denke nur an die expandierende Industrie, die sich mit allen Belangen rund um den Hund beschäftigt. Oder auch die Tier-Pharma-Industrie, mit deren Hilfe man heutzutage Hunde am Leben erhalten kann, die unter natürlichen Bedingungen nicht mehr leben würden und sich somit auch nicht mehr fortpflanzen könnten.

Vielleicht fragen Sie sich jetzt, lieber Leser, ob dies in ein Kapitel über die Abstammung des Haushundes passt? Meiner Ansicht nach durchaus! Denn nur, wenn man die Zusammenhänge kennt und berücksichtigt, kann man auch kompetent mit einem so hoch stehenden Säugetier wie unserem Haushund

Vom »Ur-Wolf« bis zum heutigen Rassehund war es ein langer und spannender Weg in der Evolution. Auch wenn man es auf den ersten Blick nicht glauben will, unsere Hunde sind – genetisch gesehen – zu 100 % Wölfe.

Heute will der Mensch mit der Anschaffung eines Hundes einen Freund fürs Leben gewinnen. Ausgiebiges Miteinander-Beschäftigen festigt die Bindung.

umgehen. Nur wenn wir uns immer wieder mit kritischem Bewusstsein die Frage stellen: »Wie können wir mit Mutter Erde und ihrer Tierwelt leben statt gegen sie?« Oder, konkreter: »Wie können wir artgerecht **mit** einem Hund leben statt gegen seine wahre Natur?« Zur Beantwortung muss man erst einmal weiterfragen: »Wie entstand damals, vor ca. 25 000 Jahren, in der Steinzeit, als unsere Vorfahren langsam begannen, sesshaft zu werden, der Kontakt zwischen Hunden und Menschen?« Oder unsere Eingangsfrage: »Wie kam der Hund (Wolf) auf den Menschen?«
Nun, da gibt es verschiedene Theorien, zum Beispiel:

- Die Frau war es, die den Wolf für den Menschen »zähmte«, indem sie Welpen mit säugte, die sonst nicht überlebensfähig gewesen wären. Das altbekannte Kindchenschema nach Konrad Lorenz war hierfür hauptsächlich der Auslöser.
- Unsere Vorfahren hielten Welpen und Jungwölfe als lebendige Vorratskammern, um sie bei Bedarf zu essen.
- Der Wolf fraß die Jagdabfälle und übrig gebliebenen Essensreste und diente zugleich als Wachhund, indem er Raubtiere meldete, die sich seiner »Beute« näherten, oder er versuchte gar, sie zu verteidigen. Als Nebeneffekt leistete er bei unseren Vorfahren eine Art Hygienedienst.

Was lange währt, ...

Es gibt viele Theorien, wie der Wolf/Hund auf den Menschen kam. Nach neuesten Erkenntnissen fand der erste Mensch-Hund-Kontakt bereits vor ca. 100 000 Jahren statt.

Meiner Meinung nach sind sie alle zum Teil richtig. Ich glaube, der Hauptgrund für die Domestikation des Wolfes liegt in seiner sozialen Intelligenz, auch gegenüber den Primaten, sprich Menschen.
Wie wir von namhaften Primatenforschern wie Goodall oder Fossey wissen, waren unsere Vorfahren und sind auch alle noch lebenden Primaten – Schimpansen, Gorillas etc. – in ihrem sozialen Verhalten extrem opportunistisch. Das heißt ganz einfach: »Ich will auch das haben, was der andere hat!« Also auf gut Deutsch: Ich will das Gleiche oder, am besten, noch viel mehr als der andere. Kommt Ihnen das bekannt vor? Mir schon!
Jane Goodall möchte ich in diesem Zusammenhang wörtlich zitieren: »Schimpansen, wie alle anderen Menschenaffen übrigens ebenso, sind im Vergleich zu unseren Hunden egoistische und bösartige Individualisten. Ihre sozialen Bindungen gehen nicht über die Liebe zwischen Mutter und Kind oder allerhöchstens engsten Verwandten hinaus. Alle anderen Beziehungen, die sie pflegen, sind opportunistischer Art!«
Eine relativ junge Theorie besagt nun: Es waren die Caniden, die hundeartigen Stammväter unserer jetzigen Hunde, welche unsere Ahnen, die egoistische Individualisten waren, zu sozialen Geschöpfen machten. Sie lehrten sie, die genetisch fixierte Beschränkung der sozialen Hilfe auf die engste Familie zu sprengen und diese auf ihre Um- und Mitwelt auszudehnen.

Mensch und Hund leben schon lange zusammen – etwa 100 000 Jahre vermuten manche Forscher. Das bedeutet, dass sie sich in ihrer Entwicklung stark gegenseitig beeinflusst haben.

Doch wie soll das vonstattengegangen sein, wenn der Hund – wie bisher angenommen – erst seit ca. 15 000–20 000 Jahren bei den Menschen lebt, ab einem Zeitpunkt also, an dem diese schon relativ hoch entwickelt waren? Nun, neuesten Forschungsergebnissen zufolge kamen die ersten Hominiden und die zu diesem Zeitpunkt gerade entstandenen Caniden bereits vor ca. 100 000 Jahren zusammen! Wissenschaftler sprechen von zeitlicher und räumlicher Koinzidenz von Hominisation, also der Menschwerdung des Primaten, und Canisation, der Hundwerdung des Wolfes.
Es hat folglich eine Koevolution stattgefunden: Beide Arten haben sich gegenseitig in ihrer Entwicklungsgeschichte beeinflusst und gefördert.
Das heißt, dass wir modernen Menschen unsere altruistischen und sozialen Verhaltensweisen dem Einwirken der Caniden auf unsere Vorfahren zu verdanken haben. Vielleicht erklärt dieser neue Aspekt in puncto Domestikation auch, warum der Hund »des Menschen bester Freund« geblieben ist.

Welcher darf's denn sein?

Nun gut, wir haben uns also für die Anschaffung eines Hundes entschieden. Für einen Welpen von einem anerkannten Züchter. Oder soll es doch ein Mischling sein? Man hört ja so viel von Überzüchtung und vermehrten Krankheiten bei den Rassehunden!
Andererseits hat man bei den Rassehunden offizielle Züchter, die jeweils in einem Verband organisiert sind. Der größte Verband dieser Art in Deutschland ist der VDH, der Verband für das Deutsche Hundewesen e.V. Zudem hat jeder Rassezuchtverein einen Zuchtwart, der den Züchtern dieser Rasse mit Rat und Tat zur Seite stehen soll, damit aus den Welpen die besten Nachkommen der Welt werden, natürlich im übertragenen Sinne. Bei diesen Vereinen werden »Stammbücher« und »Zuchtbücher« geführt und die Welpen auch nach der Geburt, meistens beim Tätowieren, nochmals begutachtet. Das Tätowieren dient zur Dokumentation des Wurftages etc. und wird in der Innenseite der Ohren ausgeführt. Mittlerweile gehen immer mehr Vereine allerdings dazu über, stattdessen einen Mikrochip mit den Daten unter die Haut des Hundes zu platzieren.
Bei so viel persönlichem und sogar technischem Einsatz sollte doch dies die optimale Lösung sein, möchte man meinen. Denn woher bekommt man einen Mischling mit all diesen Voraussetzungen?
Andererseits wird im Volksmund der sogenannte Mischling als der robustere und gesündere Hund gehandelt. Da ist auch

Egal, ob wir uns für einen sogenannten Mischling oder einen Rassehund entscheiden, wichtig ist eine artgerechte Er- und Beziehung – denn ein Hund ist ein Hund ist ein Hund!

Der sogenannte Mischling, biologisch korrekt ausgedrückt der Blendling, ist aufgrund seiner Genvielfalt oftmals der gesündere Hund.

aus biologischer Sicht etwas daran. Denn die Kreuzung zweier oder mehrerer Rassen führt in der Regel, und dies sei dick unterstrichen, zu einer Anreicherung von allgemein positiven Eigenschaften. Aber natürlich nur dann, wenn das Erbgut frei von Erbfehlern ist.

Und genau da liegt auch der Haken bei der ganzen Geschichte des Züchtens. Denn biologische Vorgänge – wie die der Fortpflanzung – bergen immer zahlreiche nicht vorhersehbare Parameter in sich. Und daher kann Ihnen auch niemand garantieren, dass der ausgewählte Rassehund die gewünschten »rassetypischen« Aussehensmerkmale und Verhaltensweisen zeigt.

Letztlich ist es reine Geschmackssache, für welchen Hund Sie sich entscheiden, ob es nun ein Rassehund oder Mischling ist. Viel entscheidender für den Erfolg der Beziehung zu Ihrem Hund ist in jedem Fall der artgerechte Umgang mit ihm.

Adlig oder nicht?

Letztendlich ist es der persönliche Geschmack, für welch einen Hund man sich entscheidet, ob Rasse- oder Mischlingshund.

Männlein oder Weiblein?

»Is des a Rüde?«, fragt nicht nur der große Apachen-Häuptling in einer bekannten Filmpersiflage, sondern das ist bei der Anschaffung eines Hundes auch für den neuen Besitzer überdenkenswert. Obwohl das aus verhaltensbiologischer Sicht völlig unerheblich ist. Sie fragen sich jetzt vielleicht, warum? Es heißt schließlich doch, dass Hündinnen »leichter zu führen« seien, wohingegen ein Rüde gern Tendenzen zum »Rudelführer« zeige und eine »harte Hand« brauche. Tja, leider stimmt dies einfach nicht, wie so viele landläufige Aussagen und Meinungen aus der Hundeszene überhaupt. Verhaltensbiologisch gesehen ist die männliche Rudelführerschaft eine Mär, geboren aus der Sichtweise unserer patriarchalischen Zivilisationsform, und so kursiert sie noch in so manchem Hundeführerhirn. Im Wolfsrudel sieht das ganz anders aus.

Auch wenn es auf den Laien so wirkt, zum Beispiel weil der Leitwolf das »Beinheben« zur Revierbegrenzung durchführen darf: Der sogenannte Rudelführer existiert nicht. Denn er ist nur deshalb Leitwolf mit ausschließlicher Fortpflanzungberechtigung, weil er der »Ehemann« der Wölfin Nummer eins ist. **Sie** hat das Sagen! Kommt Ihnen das bekannt vor? Ja, nicht nur in der Kinder- und der Hundeerziehung gibt es frappante Ähnlichkeiten, auch auf anderen Gebieten ... Es ist die »Leitwölfin«, die das Rudel in allen Belangen führt. Sie teilt auch ihrem Gemahl seine Aufgaben und Pflichten zu, etwa das Imponieren nach außen und die Erziehung der Welpen etwa ab der 8. Lebenswoche.

Gleich, ob wir uns für eine Hündin oder einen Rüden entscheiden – beide brauchen

Hündin (links) oder Rüde (rechts)? Nicht nur die Größenunterschiede sollten bei einer Anschaffung bedacht werden. Hündinnen werden 2-mal im Jahr läufig – viele Rüden sind es fast immer!

Rüden sind in ihrem Verhalten im Allgemeinen »aggressiver« als Hündinnen und raufen gern.

ihren festen Platz im Mensch-Hund-Rudel und eine »Chefin«, deren Funktion der Mensch ausfüllen sollte. Welche »Führungsansprüche« der Hund, den wir ausgesucht haben, an uns stellt, hängt mehr von seinem individuellen Temperament als von seinem Geschlecht ab.

Viel entscheidender für die Auswahl ist daher, wie es um die Fortpflanzungsmodalitäten unserer Hunde steht. Hündinnen werden 2-mal im Jahr läufig. Die meisten Rüden sind es das ganze Jahr über, da sie keine menschliche »Rudelchefin« über sich haben, welche ihnen Einhalt gebietet!

Das heißt im Klartext: Falls wir uns für eine Hündin entscheiden, kann es passieren, dass uns 95 % aller Rüden der näheren und weiteren Nachbarschaft 2-mal im Jahr ihren Besuch abstatten. Naja, da wir doch Hundefreunde sind, haben wir sicherlich Verständnis für so etwas, ebenso wie für die schnell ansteigende Zahl der männlichen Hundeverehrer, die uns auf dem Spaziergang durch Park und Stadt begleiten ...

Haben Sie sich für einen Rüden entschieden, lesen Sie es einfach andersherum.

Und nicht zu vergessen: Rüden raufen gerne. Ja, das tun sie wirklich, gerade in ihrer »Sturm-und-Drang-Zeit« mit ca. 1½ Jahren. Was kein Problem wäre, ginge man damit artgerecht um. Aber da wird der geliebte Kleine dann schnell hochgehoben, um ihn vor den anderen Rüden zu schützen, was diese aber im Regelfall nicht die Bohne interessiert, und schon rauft man zu dritt. (Das Auf-den-Arm-Nehmen habe ich übrigens mit eigenen Augen schon bei 50 kg wiegenden Rüden gesehen, wahrlich ein Anblick für die Götter!)

Großer, mittlerer oder kleiner Hund?

Wichtig bei der Anschaffung eines Hundes ist die Frage nach seiner Größe, wenn er ausgewachsen ist. Hier kommt es auf den eigenen körperlichen Zustand an. Habe ich eine körperliche Beeinträchtigung, die meine Bewegungsfähigkeit einschränkt? Oder bin ich schon etwas länger »jung geblieben«, sodass mir das Laufen oder die körperliche Koordination nicht mehr ganz so leicht fallen? So oder so heißt es, gut zu überlegen, wie groß und damit auch wie schwer der ausgewachsene Hund dann sein darf.
Denn schon ab der Größe eines Labradors können bei Unstimmigkeiten unangenehme Situationen entstehen, die man bedenken

Sportliche Menschen sollten bei der Auswahl ihres Hundes auf eine Mindestgröße achten, damit es beim Hund zu keiner körperlichen Überforderung kommt.

sollte. So ist ein Oberschenkelhalsbruch bereits vorprogrammiert, wenn eine Deutsche Dogge einen Spielkameraden entdeckt hat und ihren älteren Hundebesitzer kurzerhand an der Leine zum Spielen mitnehmen will. Das andere Extrem wäre, wenn ein junger und sportlicher Hundehalter sich einen Zwergpinscher zulegen würde, der bereits nach 5 km joggen seine Belastbarkeitsgrenze erreicht hat.

Was man auch bedenken sollte: Große Hunde sterben früher! So hat etwa eine Deutsche Dogge eine durchschnittliche Lebenserwartung von nur 6–8 Jahren, kleine Hunde dagegen, wie zum Beispiel Pinscher, leben durchschnittlich 15 Jahre.

Außerdem gibt es da noch die von eifrigen Amtsstuben entworfenen »Hundeverordnungen«, die von Bundesland zu Bundesland verschieden sind und Hunden und ihren Besitzern mehr oder minder willkürliche Beschränkungen auferlegen, zum Beispiel die Verordnung, Hunde ab einer gewissen Größe generell an der Leine zu führen.

Sie sehen, auch beim Thema »Wie groß darf der Hund sein, der zu mir passt?« gibt es keine Faustregel. Eins allerdings ist sicher: Ein großer Hund braucht einfach mehr zum Fressen, was den Geldbeutel natürlich mehr belastet. Die Frage nach dem Platz dagegen, also nach der Größe des Zuhauses unseres Hundes, können wir getrost beiseitelassen. »Raum ist in der kleinsten Hütte für ein glücklich liebend Paar«, wusste schließlich schon Schiller. Dies gilt erst recht für unseren Hund, denn der möchte sowieso immer so nah wie möglich bei uns sein.

Eine haarige Angelegenheit

Eine Entscheidung steht noch an: Soll es ein Kurzhaar oder ein Langhaar sein? Wo liegt der Unterschied, und was bedeutet er für uns? Viele meinen, dass ein Kurzhaarhund nicht so stark haare in den Fellwechselzeiten. Das stimmt leider nicht, da unterscheidet er sich keineswegs vom Langhaarhund. Nur dass man die kurzen Haare nicht so sieht. Man bemerkt sie aber spätestens beim Saubermachen. Nämlich dann, wenn kein noch so moderner und saugkräftiger Staubsauger sie aus dem geliebten Teppich oder der Polstergarnitur entfernen kann. Dagegen sieht man die umfangreicheren Haarflocken des Langhaar-

Die Größe eines Hundes sollte nicht die entscheidende Rolle für dessen Anschaffung spielen, denn »Raum ist in der kleinsten Hütte«.

Hunde schwitzen über die Schleimhäute und sollten immer frisches Wasser zur Verfügung haben.

hundes meist sofort, auch die Schwiegermutter, die unangemeldet vorbeischaut. Beim Saugen verstopfen die »Wollmäuse« dann gern einmal den Staubsauger, können aber dafür schnell zusammengekehrt werden. Entscheidend ist vielmehr die Unterwolle. Denn genau genommen ist sie die Ursache für das »Haaren«. Je mehr Unterwolle ein Hund hat, egal, ob Langhaar oder Kurzhaar, desto mehr »haart« er. Hunde, die sich viel im Freien bewegen, sommers wie winters, entwickeln mehr Unterwolle als Hunde, die reine »Stubenhocker« sind.

Von Fell zu Fell verschieden!

Auch die Art des Haarkleides unseres Hundes, egal ob Kurz- oder Langhaar, sollte unserem Geschmack entsprechen und vorher gut durchdacht sein. Allein schon wegen der Reinigungsfrage.

Daran schließt sich nahtlos die immer wieder gestellte Frage an, ob Hunde ab einer gewissen Temperatur schwitzen. Nein, ich will Sie keinesfalls veräppeln, liebe Leser! Natürlich weiß jeder, dass Hunde nicht so schwitzen können wie wir Menschen, also über die gesamte Haut. Vielmehr geht es darum, ob ein Hund mit Langhaar schneller »ins Schwitzen« kommt als ein Kurzhaar. Auch hier muss man umdenken.

Nicht die Fellstruktur ist dafür verantwortlich, sondern die Körpermasse, also Körpergröße. Hunde kühlen sich bekanntermaßen durch Hecheln ab. Die heraushängende Zunge und die Schleimhäute des Rachenraumes werden ständig befeuchtet, und das Hecheln sorgt für die Verdunstung des Speichels, wodurch der Kühlungseffekt entsteht. Deshalb sollte unserem Hund an heißen Tagen, egal ob Kurz- oder Langhaar, immer genügend frisches Wasser zur Verfügung stehen!

Nun verfügen große Hunde proportional zu ihrer Körpermasse über weniger Schleimhautfläche. Somit erfolgt die Kühlung langsamer als bei kleinen Hunden, da zudem ihre Körpermasse auch mehr Sonnenstrahlen, also Wärme aufnimmt. Bei Kälte ist es genau umgekehrt. Hier sind Hunde mit weniger Körpermasse eher dem Frieren ausgesetzt als Hunde mit größerer Körpermasse. Denn die Körpermasse des kleinen Hundes, die die Wärme speichert, ist viel geringer im Vergleich zu seiner Körperoberfläche. Und je größer die Ober-

fläche, umso höher ist der Verlust an Eigenwärme.
Aber man darf nie vergessen: Dies alles, ob Hitze oder Kälte, ist auch eine Frage der Gewöhnung und Abhärtung. Daher mein Rat und meine Bitte an Sie: Gehen Sie so oft und so lang wie möglich bei jedem Wetter mit Ihrem Hund spazieren, fahren Sie Rad, joggen Sie mit ihm oder spielen draußen im Freien. Wenn es geht, länger als die berühmten »5 Minuten«. Ist Ihr Hund schon älter als 8 Monate, lassen Sie ihn ruhig auch einmal bei Schnee oder Regen im Garten. Tun Sie das Gleiche im Sommer, wenn die Sonne scheint. Ihr Hund wird es Ihnen mit mehr Vitalität und Gesundheit danken.

Dem Fell des Hundes kommt eine besondere Bedeutung zu. Für den Träger die einer Schutzfunktion. Der Halter sollte aber insbesondere an Fellpflege sowie Reinigung von Kleidung und Haus denken. Auch kurze, aber helle Hundehaare fallen auf einer dunklen Hose auf!

Auf den Hund gekommen

Vertraute Nähe zwischen Mensch und Hund ist etwas Wunderschönes. Dafür muss er ab dem Erwachen der Sinne auch ausreichend auf den Menschen geprägt werden – so wie ein Wolf in sein Rudel hineinwächst. Achten Sie deshalb beim Kauf eines Welpen darauf, dass er gut sozialisiert und dem Alter angemessen mit Umweltreizen in Kontakt gekommen ist. Was Sie nach der Abholung alles für Ihren Welpen tun können, damit er sich wohl fühlt, erfahren Sie im folgenden Kapitel.

Erziehung heißt Verantwortung – vom 1. Tag an

Jetzt haben wir schon viele grundlegende Dinge besprochen, die den Hund betreffen. Doch wie sieht es eigentlich mit uns aus, den neuen Hundehaltern? Können wir die Verantwortung für ein sozial so hoch stehendes und intelligentes Tier überhaupt tragen? Welche Voraussetzungen müssen wir mitbringen?
Um dies beantworten zu können, lassen Sie uns noch mal einen kleinen Ausflug in die Vergangenheit machen. Die Vorfahren unserer Hunde, die Wölfe, haben schon vor Tausenden von Jahren ein hoch entwickeltes Familienzusammenleben und eine Erziehungsstruktur hervorgebracht, in der eine klare Linie und die Achtung vor dem erfahrenen Rudelmitglied an erster Stelle stehen.
Die eindeutige Einordnung der Welpen in das Familiengefüge führt dazu, dass sie zu physisch wie psychisch gesunden Jungtieren heranwachsen. Aus diesen Jungtieren werden dann wieder erwachsene Wölfe, die später, durch die von den Altwölfen erlernte Erfahrung, selbst in der Lage sind, eine eigene Familie zu leiten.

Alles bedacht?

Holt man sich einen Hund ins Haus, sollte man sich vorher der Tragweite bewusst sein! Besonders dann sollte die Eigenverantwortung groß sein, wenn er in eine Familie mit Kindern kommt.

Genauso sollte auch ein guter Hundeerzieher vorgehen – oder ein guter Kindererzieher. Denn Hund und Mensch sind gar nicht so verschieden. Man kann für beide die gleichen Grundprinzipien der Erziehung anwenden. Kinder wie Hunde wollen Gewissheit, wo ihr Platz ist, wo ihre Grenzen sind, und sie gewinnen damit die Sicherheit, um in jeder Beziehung gefahrlos aufwachsen zu können. Daraus folgt, dass wir als angehender Hundehalter und -erzieher Eigenverantwortung mitbringen und auch übernehmen müssen.

Welcher Welpe soll es sein?

Einen wirklich guten Züchter erkennen Sie nicht, wie viele angehende Hundehalter meinen, an der Anzahl und Vielfältigkeit seiner Pokale, Ausstellungspreise oder den sogenannten »Leistungsprüfungen«!
Nein, sondern nur am und im Umgang mit seiner Zuchthündin oder seinen Hunden! Und dies kann auch ein (noch) Hundelaie erkennen, nämlich an den Hunden und ihrer Reaktion auf die Situation. Sind sie alle freundlich zu ihm und benehmen sie sich auch Fremden gegenüber höflich und handzahm, dann ist die Welt in Ordnung. Sind sie dagegen misstrauisch oder gar sozial unsicher oder ängstlich, sollten Sie sich für den Besuch bedanken und sich schnellstens von dannen machen!

Passt jedoch der Ersteindruck, dann sehen Sie sich die Welpen einmal näher an, sie sollten aber bereits das Alter von acht Wochen überschritten haben.
Sind diese auch relaxt und quietschmunter oder verkriechen sie sich ängstlich in der Wurfkiste?
Ist dies der Fall, lassen Sie sich bitte auf keinen Fall den Bären aufbinden, diese Ängstlichkeit komme daher, weil sie noch zu jung seien, die Mutterhündin nicht im Raum sei oder was es sonst noch für Märchenvariationen davon gibt!
Diese Ängstlichkeit hat nämlich eine ganz andere und viel bedeutendere Ursache:
Der sogenannte Züchter hat und nimmt sich schlichtweg viel zu wenig Zeit, um seine Welpen richtig und vor allem ausreichend auf Menschen zu sozialisieren!
Ist ein Welpe schon etwa fünf Wochen alt und zeigt diese schon beschriebene Ängstlichkeit, dann ist dies meist eine nicht mehr rückgängig zu machende Entwicklung!
Um dies besser zu verstehen, sollte man sich Folgendes vor Augen halten:
Ab der dritten Lebenswoche der Welpen entwickeln sich die Augen zur Sehfähigkeit, seine Ohren zur Hörfähigkeit und die Nase zur Riechfähigkeit. Das Öffnen der Augen erfolgt zwar meist schon früher, so um den dreizehnten Lebenstag, die Welpen können da aber noch nicht sehen und auch noch nicht hören!
Auch die Nase, also der Geruchssinn, tritt ab diesem Zeitraum erst so richtig in Funktion, und so ist also der Welpe erstmals imstande, seine Umwelt mit allen Sinnen wahrzunehmen. Die allerersten Wahrnehmungen erfolgen demnach noch im Wurflager: das Erkennen der Geschwister und der Mutterhündin selbst. Diese »Bezugspersonen« bleiben für den Welpen ganz entschieden für die nächsten Wochen seines Lebens der absolute Mittel-

Besteht das neue Rudel für unseren Hund auch aus Kindern, sind wir als Eltern gleich doppelt gefragt. Zum einen als Rudeloberhäupter für den Hund, zum anderen, um den Kindern ihre Grenzen im Umgang mit dem Hund aufzuzeigen.

punkt seiner uneingeschränkten Aufmerksamkeit. Natürlich sind das Gesäuge und das zugegebene Futter für ihn auch sehr wichtig, und nach dem ersten Verlassen des Lagers interessiert er sich auch für die Dinge seiner Umgebung, wenn er ein aufgeweckter Welpe ist. Man kann jedoch beobachten, wie er immer wieder seine Geschwister und seine Mutter oder, falls vorhanden, auch Hebamme sehr sorgsam und ausgiebig unter die Lupe nimmt. Auch die Spiele unter den Geschwister sind in dieser Zeit primär auf das Kennenlernen untereinander abgestimmt. Dies ist von Mutter Natur den Welpen mit in die Wiege gelegt worden, seine Neugierde, pardon Wissensdurst konzentriert sich primär auf seine Artgenossen. Biologisch gesehen ist der Hund ein sogenannter Nesthocker und zudem ist bei ihm nicht so viel genetisch determiniert, also vorgegeben, wie dies z. B. bei den Nestflüchtern, siehe Pferd, ist. So hat der Welpe kein angeborenes Bild von dem, was ein Artgenosse ist, deshalb muss er dies erlernen, ergo erkunden! Dies findet bei unserem Welpen bis zum Ende der Prägungsphase, der achten Woche, statt. Darum hat die Natur es so eingerichtet in dieser Phase, dass er eine spezielle Lerndisposition für dieses Erkunden und Prägen hat, die sich danach in dieser Intensität verliert. Somit ist auch klar, dass sich ein Welpe auf das prägt, was er in diesen vier Wochen der Prägungsphase sieht und intensiver kennenlernt. Lernt er in dieser Zeit keine anderen Ge-

Der Hund ist ein typischer Nesthocker. Er verlässt lange Zeit nicht sein Wurflager und ist in den ersten Lebenswochen ganz auf seine Mutter und die Geschwister fixiert. Erst später kommt der Papa ins Spiel.

schwister oder andere Hunde kennen, wird er zeitlebens Probleme haben in der innerartlichen Kommunikation.
Tritt nun vom Zeitpunkt des Erwachens seiner Sinne, also wie bereits besprochen ab der dritten Lebenswoche, kein Mensch in Erscheinung, wird sich der Hund in seiner weiteren Lebzeit immer mit diesem Erscheinungsbild »Mensch« schwertun!
Damit ist nicht gemeint, dass es ausreiche, der Welpe sieht den Menschen drei- oder viermal am Tag bei der Fütterung! Nein, der Welpe braucht gerade in dieser Zeit viele Berührungskontakte mit dem Menschen, damit er sein Bild, vor allem sein »Geruchsbild«, intensiv verarbeiten und speichern kann!
Je mehr Menschen verschiedener Alterskategorien er in diesen Zeitraum optisch und geruchlich wahrnehmen kann, umso aufgeschlossener wird er später einmal für das Wahrnehmungsbild »Mensch« sein.
Umgekehrt wird ein Hund, der keine oder nur unzureichende Kontaktmöglichkeiten mit Menschen hatte, diesbezüglich ein zurückhaltender oder gar ängstlicher Hund werden.
In der Hundewelt sagt man dazu dann einmal später, wenn der Hund ausgewachsen ist, irrtümlicherweise, er wäre »wesensschwach«!
Und genauso irrtümlicherweise wird dies dann als ein genetischer Webfehler deklariert, obwohl sein Verhalten nur auf mangelnde und unzureichende Prägung auf den Menschen in den ersten acht Wochen zurückzuführen ist!
Deshalb Finger weg von sogenannten Großzüchtern! Damit meine ich Züchter, die drei, vier oder gar noch mehr Hunderassen bei sich »züchten«, denn dort findet mit Sicherheit keine ausreichende Prägung auf den Menschen statt. Und ich glaube auch, das es solchen »Züchtern« ziemlich egal ist, ob dies notwendig wäre, Hauptsache der Rubel rollt …
Wenn Sie also dann einmal auf den Wurfzwinger oder die Wurfkiste zugehen und alle Welpen laufen und hoppeln vergnügt und freudig in ihre Richtung und würden Sie am besten von oben bis unten abschnüffeln, dann wissen Sie jetzt, das alles paletti ist!
Solche Welpen sind bestens auf den Menschen geprägt worden und jetzt steht nur noch die Entscheidung an: Welcher Welpe soll's denn nun sein?
Wenn man den Welpen genauer zusieht, wird man sehr bald merken, dass einer immer und überall der Erste ist oder zumindest sein will! Und ein anderer Welpe genau das Gegenteil, nämlich immer oder fast immer und überall der Letzte und zudem noch von seinen anderen Geschwistern weggedrängt wird, wenn es neue oder interessante Dinge zu erkunden gibt!
Für uns Welpeninteressenten hat dies erst mal gar nicht allzu viel zu bedeuten. Blieben die Welpen jedoch länger als acht Wochen beisammen, dann hätte dies jedoch elementare Bedeutung für die ganze weitere Entwicklung. Ansonsten kann er, von uns in der achten Woche abgeholt, bei uns im neuen Heim und weg von seinen Wurfgeschwistern, sich völlig stressfrei zu einen normalen Hund entwickeln.
Einen Warnruf vor Welpen aus einem Wurf möchte ich Ihnen jedoch mitgeben, nämlich vor denen, die deutlich größer oder auch deutlich kleiner sind als die übrigen oder

einen weitaus fauleren Eindruck machen!
Auch vor Welpen aus dem Wurf, die sich nur um das Fressen kümmern und ansonsten nicht oder so gut wie gar nicht am restlichen sozialen Gruppenleben teilnehmen.
Da aber Welpen in diesen Alter noch relativ viel schlafen oder auch tagsüber dösen, benötigen Sie viel Zeit beim Besuch des Züchters, damit Sie nicht einen falschen Eindruck bekommen, so als noch Hundelaie.
Und noch einen Rat fürs Aussuchen eines Welpen möchte ich Ihnen mitgeben:
Zeigt sich der ganze Wurf von seiner besten Seite, sind alle quietschvergnügt und dem Menschen gegenüber aufgeschlossen bis auf einen von Ihnen, dann lassen Sie auf jeden Fall die Finger von diesem Welpen! Hier besteht der dringende Verdacht, dass dieser einen genetischen Webfehler aufweist, der irreparabel wäre!
Ein guter Züchter, der nicht die Dollarzeichen in den Augen hat, wird solches natürlich selbst bemerken und dafür sorgen, dass der Sonderling nicht abgegeben wird. Er weiß, dass dies absolut verantwortungslos wäre und weder dem Welpen noch dem neuen Hundehalter dienen würde!

Das neue Heim des Hundes

Immer wieder werde ich gefragt:
»Was benötigt ein Hund bezüglich der Größe seines neuen Heimes, kann es auch eine Stadtwohnung sein oder benötigt er das Haus mit Garten oder wäre eine Zwingerhaltung angebracht«?
Schauen wir uns diese Fragen einmal aus der Sicht des Hundes näher an.
Das Heim erster Ordnung, wie man diesen Ort verhaltensbiologisch ausdrücken würde, in dem sich eine Tierart, hier unser Hund, geborgen fühlt und die ihm Vertrauen schenkt, wäre demnach also unsere Wohnung.
Auf die Größe dieser Wohnung kommt es nicht an, genauso wenig, was aus dem kleinen Welpen einmal werden soll: ein Zwergschnauzer, ein Dackel, ein Labrador oder vielleicht doch ein Hovawart oder gar eine Dogge!
Warum? Ganz einfach: Auch wenn die Natur und Züchterhand eine ganze Palette von verschiedenen Hunderassen, von klein über mittel bis groß, erschaffen hat, darf man eines nicht vergessen, Welpe bleibt Welpe, egal von welcher Rasse (oder welchem Mischling) er abstammt!
Und dies bedeutet, dass er dank seiner allen intelligenten Säugetieren innewohnenden Neugier programmiert ist, seine neue Umgebung peinlichst genau zu erkunden und zu analysieren.
Dabei geht er mit fast schon wissenschaftlicher Akribie vor, besonders bei Sachen, die ihm rätselhaft vorkommen.
Diese werden dann auf »Haut und Niere« geprüft und was ihre physikalische Natur ergibt. Dabei behilft er sich nicht wissenschaftlicher Instrumente, nein dafür hat er sein eigenes Werkzeug: seine messerscharfen Milchzähnchen!
Die genügen ihm völlig, um den Zustand eines echten Perserteppichs oder den flandrischen Gobelin auf seine Textilqualität zu testen!

Auf die gleiche Art und Weise testet er die antiken oder modernen Designermöbel in unserer Wohnung.
Kurz gesagt: Vor dem absoluten Zahntest ist nichts, aber auch gar nichts sicher!
Eberhard Trumler sagte zu den Fragestellern immer: »Nehmen Sie Abschied von Ihrer Wohneinrichtung.«
Nun, so weit sollte es doch nicht kommen ...
Eines sollte man jedoch berücksichtigen und einkalkulieren:
Auch was augenscheinlich außerhalb der Reichweite unseres Welpen ist, ist nicht sicher! Denn erstens kann auch schon ein so kleiner Welpe springen und klettern und zweitens trägt die ihm innewohnende Neugierde diesbezüglich besondere Früchte. Auf einmal ist dann der Rand der Tischdecke nicht mehr hoch und damit weit genug weg von seinen Zähnchen und mit einem kurzen Sprung hat er ihn auch schon in seinem Fang.
Dann hört man es nur noch scheppern und die schöne wie auch sehr teure chinesische Vase liegt in Trümmern am Boden! Und so richtig spannend wird es dann, wenn das süße kleine Hundekind mit den unschuldigsten Augen dieser Welt und den (unsichtbaren) Teufelshörnchen zwischen seinen putzigen Öhrchen am Sonntagmittagstisch am Tischtuchzipfelende zieht! Genau, die Suppenterrine samt Inhalt landet dann nicht nur auf dem Boden, sondern vorher noch auf Schwiegermutters kostbarem (da uraltem) Kostüm ...
Jetzt fragen Sie sich vielleicht, was hat dies alles mit der Eingangsthematik »Wohnung oder Haus mit Hund« zu tun?

Die Natur des Hundes will, dass man die ersten 16 Lebenswochen des Hundes für die Erziehung und die Etablierung der Rudelstruktur nutzt. Auch Kontakte zu anderen Hunden sind dabei ein wichtiger Faktor.

Eine ganze Menge! An den Problemen, die Sie sich mit einem Welpen nach Hause holen, ob Etagenwohnung, Reihenhaus oder Bauernhof, ändert sich nix!
Und wie Sie bereits aus meinen bisherigen Schilderungen wissen: Ein Hund ist und bleibt ein Familientier und er sollte nicht von der Familie getrennt oder gar ausgesperrt werden!
Damit hat sich auch schon die Frage nach der Zwingerhaltung erledigt ...
Falls Sie in dieser Zeit, wo der Welpe zu Ihnen kommt, gerade einen Umzug geplant haben, eventuell sogar seinetwegen, also raus aus der Stadtwohnung und rein in das Landleben samt Haus, stellt das auch überhaupt kein Problem für unseren Kleinen dar.
Welpen sind durchaus in der Lage, einen oder sogar mehrere Ortswechsel zu verkraften. Denn auch die Wolfs- oder Wildhundmutter zieht in der Regel in der zweiten bis dritten Lebenswoche der Welpen in ein anderes Lager um.

Braucht der Hund einen Garten

Meist kommt nach der Frage, ob Wohnung oder Haus für den neuen Mitbewohner, eine weitere: die Frage nach dem Garten!
Denn viele angehende Hundebesitzer sind der Meinung, dass ein Hund, zudem noch ein sehr großer, unbedingt einen (großen) Garten benötige. Vor allem dann, wenn man nicht immer genügend Zeit habe, um mit seinem Hund dreimal täglich »Gassi« zu gehen. Terrassentüre aufgemacht und schon zieht der Hund allein für eine Stunde draußen im Garten seine Kreise und powert sich aus ...
Da muss ich Sie leider enttäuschen.
Kein Hund dieser Welt würde dies von sich aus tun. Ich glaube, daher kommt auch das Sprichwort: Fauler Hund ... Hunde haben die Arbeit (das wäre damit gleichzusetzen) auch nicht erfunden ...
Zudem möchte ich noch erwähnen, dass der Sammelbegriff für alle Rasse- und Nichtrassehunde immer »Haushund« heißt!
Also nicht »Canis hortenis«, also Gartenhund, den gibt es so nicht.
Des Weiteren ist ein Hund auch kein Gartenzwerg, den man einmal hier oder einmal dort zwischen den Blumenrabatten abstellen kann!
Die Frage sollte nicht anders aufgefasst werden als eine tolle Option über die Wohnfläche hinaus.
Ist der Garten zudem groß genug, so kann man dort auch herrlich mit seinem Hund toben und spielen, ohne mit dem Auto eine weite Strecke fahren zu müssen. Das erspart Zeit für solche Tage, in denen man terminlich eingespannt ist.
Behalten wir auch hier im Auge: Die eigentliche Umwelt des Hundes, sein wichtigster Lebensraum sollte die Gemeinschaft mit Ihnen, seinem Hundebesitzer, sein!
Keine Frage, es ist dann eine wundervolle Sache für den Hund, wenn so ein Garten noch zu dieser Gemeinschaft hinzukommt. Auch wenn er sich ab und zu mal alleine in diesen befindet. Und noch etwas Praktisches hat so ein Garten, nämlich dann, wenn Ihr Hund einmal »Montezumas Rache« zu spüren bekommt. Türe schnell auf und ab geht die Post ...

Diese Eigenverantwortung ist dann ganz besonders wichtig, wenn der Hund in einer Familie mit Kindern aufwächst. Denn nur wenn die gesamte Familie an einem Strang zieht, nämlich dem der artgerechten Hundeerziehung, wird es gelingen, aus dem Welpen einen sozial intelligenten und für seine Umwelt unproblematischen Hund zu machen.

So muss in der Familie, die sich einen Hund anschaffen will, klar sein, dass dies keinesfalls der Kinder wegen geschehen darf. Er kann niemals als »Ersatz-Streichelzoo« oder Spielzeug für die Kinder dienen. Auch sollten Kinder unter 14 Jahren nicht an der Erziehung des Hundes beteiligt sein. Das hat ganz einfache verhaltensbiologische Gründe.

Nehmen wir an, unser Kind ist 7 Jahre alt. Unser Hund ist natürlich bei Abholung 8 Wochen alt gewesen und hat sich mittlerweile in seiner neuen Umwelt, in seinem neuen Rudel, akklimatisiert. Noch ist er tollpatschig und sehr verspielt, zudem schläft er viel. Doch die Zeit eilt dahin, und flugs ist aus dem Welpen ein geschlechtsreifer Hund mit gut einem Jahr geworden, der schon viele wichtige Entwicklungsstufen durchlaufen hat.

Unser Kind ist auch ein Jahr älter geworden und nunmehr 8 Jahre alt.

Der Hund hat in diesen einem Jahr eine gewaltige Entwicklung hinter sich gebracht, vom Baby zum geschlechtsreifen »Teenager«. Das Kind im Vergleich dagegen nur eine minimale körperliche und geistige Entwicklung: Es bleibt weiter ein Kind. In diesem einen Jahr laufen biologisch betrachtet also zwei vollkommen unterschiedliche Entwicklungen ab.

Ein Hund macht – anders als der Mensch – in einem Jahr einen gewaltigen Entwicklungssprung.

Daraus können ernsthafte Probleme zwischen Kind und Hund entstehen. Nicht etwa, weil der Hund dem Kind gegenüber aggressiv wird, sondern vielmehr dadurch, dass unser Hund, da jetzt natürlich körperlich und mental viel weiter entwickelt, sich nichts oder nicht mehr so viel von unserem Kind sagen lässt. Aus dem einfachen biologischen Grund, weil er sich nun als »erwachsen« ansieht und für ihn das Kind immer noch Kind bleibt – und im biologischen Entwicklungssinne ja auch ist.

Ein Kind als Zuwachs im Mensch-Hund-Rudel

Eine Frage die immer wieder auftaucht, lautet: »Wie sollen wir uns verhalten, wenn zuerst der Hund da war und dann ein Baby kommt?« Einfache Frage, einfache Antwort: »Ganz bio-logisch!«

Wir brauchen unser Menschenjunges nur unserem Hund hinzuhalten, damit dieser es im gemeinsamen Rudel empfangen kann. Daraufhin schaut sich unser Hund das neue Rudelmitglied an, was hier vor allem bedeutet, er wird es genau beschnuppern. »Oh, das riecht ja nach Welpe und nach Frauchen«, wird er sich dabei denken. Tja, und weil das Baby so vollkommen dem Kindchenschema entspricht, überfällt unseren Hund wahrscheinlich der unwiderstehliche Drang, selbst »Papa« oder »Mama« zu spielen, und er übt sich in Brut-, pardon, Kinderpflege. Und das tut er, nach bester Hundeart, mit seiner mehr oder weniger großen Zunge. Damit wäre alles klargemacht. Das neue Rudelmitglied ist akzeptiert und genießt zugleich noch das Glück einer weiteren Pflegeperson.

Hier aus gegebenem Anlass noch ein paar Worte zum Thema »Hygiene«. In einer Zeit, in der alles nur so strotzt vor Sauberkeit und Desinfektionswahn, wird der Hund möglicherweise als »Infektionsgefahr« für das Baby angesehen und es wurden entsprechende Gegenmaßnahmen getroffen. Da kann ich nur sagen: »Armer Hund, armes Kind!« Armer Hund deswegen, weil seine feine Nase bestimmt unter den scharfen Putzmitteln leidet. Armes Kind, weil es in einer sterilen Umwelt aufwachsen muss und dadurch sein Immunsystem erheblich schwächer ausfallen wird als das von Kindern, die mit »Dreck« in Kon-

Da sich Welpen viel schneller entwickeln als Kinder, können im Verlauf von Jahren Spannungen und Missverständnisse entstehen.

takt kommen dürfen. Nicht umsonst steigt Jahr um Jahr die Anzahl der Kinder, die an Allergien oder Immunschwäche leiden.
Selbstverständlich muss unser Hund vollständig entwurmt sein, ehe der Säugling ins Haus kommt. Hunde, die etwas zu stürmisch sind beim »Anschauen« oder in ihrer »Brutpflege«, sollten natürlich zur Ordnung gerufen werden. Keinesfalls wird der Hund aber weggesperrt mit der falschen Begründung, dass er sich daran gewöhne, wenn er nun nicht mehr der Mittelpunkt ist wie bisher.
Dies alles vorausgesetzt, kann eigentlich nichts mehr schiefgehen.

Der Zeitfaktor

Sehen wir uns noch einen wichtigen Punkt an, falls Sie sich für einen Welpen entschieden haben: Sie müssen für ihn Zeit haben!
Wollen wir unseren Welpen von Anfang an artgerecht erziehen, müssen wir uns auf jeden Fall vor seiner Anschaffung Gedanken über das »Zeitproblem« machen. Denn ein Welpe benötigt sehr viel Zeit – und zwar mit Ihnen, seinen neuen Eltern, verbrachte Zeit. Ein Welpe ist im Hunderudel niemals allein. Genauso sollte es für ihn auch bei uns sein. Er braucht emotionale und körperliche Nähe und Vertrautheit, damit er geborgen und trotzdem unter wohlwollender Konsequenz und Autorität aufwachsen kann.
Nun sind aber viele Menschen, die sich einen Hund anschaffen wollen, berufstätig. Heißt dieser Umstand automatisch, dass sich diese Personengruppe keinen Hund zulegen sollte?
Nein – unter folgender Bedingung: Nehmen Sie Ihren gesamten Urlaub am Stück. Vielleicht geht es ja sogar für 5 oder 6 Wochen, mindestens sollten es aber 4 Wochen sein, damit Sie in dieser wichtigen Zeit rund um die Uhr mit Ihrem Welpen zusammen sein können.
Sie werden sehen, wie schnell sich auf diese Weise ein intaktes Verhältnis zwischen Ihnen und Ihrem Hund entwickelt, wenn Sie ihn zudem noch artgerecht erziehen!
Diese 4–6 Wochen gehen sowieso viel zu schnell vorbei, und ehe man sichs versieht, ist aus dem tapsigen Welpen ein »Teenager« geworden.
Bei vielen Hundebesitzern gehen eben dann die Probleme los, weil sie die so entscheidenden erzieherischen Phasen der Welpen- und Jugendzeit ungenutzt verstreichen haben lassen. Um Ihnen und Ihrem Hund ebendas zu ersparen, habe ich dieses Buch geschrieben.

Wie kommt der Mensch zum Hund?

So weit hätten wir also alles geklärt und angemessen überdacht. Die Entscheidung für einen Hund einer bestimmten Rasse ist gefallen.
Doch wie komme ich jetzt zu meinem Welpen? Noch dazu, wenn der Züchter vielleicht ein paar Hundert Kilometer entfernt von mir wohnt? Können wir ihn dann eventuell in einer Hundebox per Bahn oder Flugzeug anliefern lassen? Denn 1 Stunde Flug ist doch besser als eine 10-stündige Autofahrt!
Also, Transport im Flugzeug gerne, aber nur

Eine gute Lösung ist es, den Welpen mit dem Auto abzuholen. Sie können Pausen einlegen und mit ihm spielen so oft Sie wollen.

mit Ihnen zusammen. Welpen darf man mit in die Flugkabine nehmen, wenn man sie in einem Transportbehälter für Hunde befördert. Sie sollten sich aber auf jeden Fall vorher bei der Fluggesellschaft erkundigen, ob ein anderer Hund für diesen Flug vorgemerkt ist, da normalerweise keine zwei Hunde im Flugabteil sein dürfen.

Bei der Fahrt mit der Bahn gilt das Gleiche: Er sollte bei Ihnen im Abteil sein. Auch hier brauchen Sie einen Transportbehälter. Doch: Eine Bahnfahrt dauert meist länger als die Fahrt mit dem Auto. Zudem können wir keine Pausen einlegen, wie wir und unser Hund sie wollten. Dieser Umstand bringt mehr Stress, als uns die Zugfahrt erspart. Den längeren Transport per Bahn sollten wir also wirklich nur ins Auge fassen, falls es keine andere Möglichkeit gibt.

Aber bitte auf gar keinen Fall den Welpen in der Transportbox per Bahn vom Züchter schicken lassen! Gute Züchter würden dies sowieso nie tun. Dazu genügt eine praktische Überlegung: Der Zug ist eine Weile unterwegs und kommt spät an. Die Frachtauslieferungen der Bahn haben nachts geschlossen, also ab 18 Uhr. Geöffnet wird dann meist um 8 Uhr am nächsten Morgen, und so lange sitzt Ihr Liebling ganz alleine in der Kiste!

Die Abholung mit dem Auto ist und bleibt die beste Lösung für alle Beteiligten. Zum einen können Sie so viele Pausen einlegen, wie Sie wollen. Diese können Sie zum Spielen, Umhertollen und zum Lösen des Welpen nutzen. Zum anderen können Sie gleich einen guten Kontakt zu Ihrem neuen Familienmitglied knüpfen, wenn Sie jemanden mitgenommen haben, der für Sie das Auto steuert. So können Sie gleich rundherum für Ihren vierbeinigen Freund zur Stelle sein. Und was gibt es Schöneres zum Beginn Ihrer Beziehung, als wenn er auf Ihrem Schoß zufrieden einschläft und von der abenteuerlichen Fahrt träumt!

Mit offenen Augen

Egal, wo Sie Ihren Hund ab- bzw. herholen, ob von einem Hobbyzüchter oder von einem Bauernhof in Ihrer Nähe, prüfen Sie die Aufzuchtstelle auf Herz und Niere!

Willkommen im neuen Rudel

Danach erwartet uns der erste Tag im neuen Heim. Der Welpe hat Abschied genommen von seiner Mutter, seinen Geschwistern und seiner bisherigen Umgebung. Vielleicht hatte er Glück, und auch sein leiblicher Vater war bis zur 8. Woche bei ihm. Die Trennung vom alten Rudel fällt ihm in der 8. Lebenswoche am leichtesten, denn da beginnt die sogenannte Sozialisierungsphase. Wie der Name schon sagt, lernt unser Welpe in diesem neuen Lebensabschnitt, dass es noch mehr gibt als seine bekannte und noch recht kleine Umwelt und Umgebung. Was für uns Hundehalter aber am wichtigsten ist: Ab der 8. Woche ist sein Nervensystem besonders belastbar und stabil. So können wir ihn getrost neuen und unbekannten Umwelt- und Sozialsituationen aussetzen.

Er kommt also in ein neues Zuhause, in ein für ihn zunächst fremdes Rudel. Bevor wir damit fortfahren, wie es hier für ihn weitergeht, lassen Sie uns erst einmal einen Blick darauf werfen, wie es ab der 8. Woche in seinem Hunderudel, bei seiner Hundefamilie weitergehen würde. Ich erlaube mir, dies zum besseren Verständnis mit sehr »menschlichen« Begriffen zu beschreiben.

Die Mama von unserem Welpen würde ihren Kindern mit einem kleinen Abschiedsbrief mitteilen, dass sie ab sofort nicht mehr wie bisher zur Verfügung stehe und sie sich bitte jetzt an ihren Vater wenden möchten. Dieser, der bis dato noch nicht groß für die Welpen in Erscheinung getreten ist, würde die weitere und zielgerichtete Erziehung seiner Kinder übernehmen. Auch gut, meinen die Kleinen, ihnen sei es ja im Prinzip egal, wer mit ihnen spielt oder von wem sie Futter erbetteln können.

Tja, falsch gedacht! Kaum sind sie von Mama abgenabelt, kommt also Papa und »spielt« mit seinen Kindern. Aber dieses Spiel ist ganz

... na, was gibt es da noch alles zu entdecken, im neuen Heim?

anders als das, was sie von Mama gewöhnt sind. Da geht's so ausgelassen und toll zu, dass einem Außenstehenden angst und bange werden könnte. Als menschlicher Beobachter könnte man manchmal sogar meinen, dass Vater Hund nicht das Wohl seiner Kinder, sondern das glatte Gegenteil im Sinn habe. Aber er meint es wirklich nur gut mit seinem Anhang. Durch diese Vorgehensweise will er nur noch einmal testen, ob seine Nachkommen auch gesund und körperlich intakt sind. Denn ein Hunderudel in freier Wildbahn kann vor allem eines nicht gebrauchen: erbgeschädigte Nachkommen mit Instinktausfällen. Zugleich beginnt damit für die Hundewelpen ein neues Kapitel, das der wohlwollenden und konsequenten Erziehung. So bringt Papa ihnen alles bei, was für sie im harten Überlebenskampf in der freien Natur überlebenswichtig wäre.

Was aber bedeutet dies für uns Menschen als neuer »Hundepapa«? Ganz einfach: Wir müssen es vom ersten Tag an dem richtigen Hundevater nachmachen! Ruhen Sie sich als frischgebackener Hundehalter also nicht darauf aus, dass Sie ja einen tollen Züchter gefunden haben, bei dem Ihr Welpe geradezu vorzüglich aufgewachsen ist und optimal gefördert wurde. Zögern Sie nicht, sofort mit Ihrer liebevollen, konsequenten und artgerechten Erziehung zu beginnen.

Aber noch einmal zurück zu dem Punkt, wo wir unseren Welpen abgeholt und zu uns in sein neues Heim gebracht haben. Spätestens jetzt tauchen ein paar Fragen auf:

- Wo soll er schlafen?
- Welches Futter ist das beste für ihn und wie oft?
- Wie viele Spielsachen braucht er und welche?
- Wie bringt man ihn am schnellsten dazu, stubenrein zu werden?
- Wann und wie oft sollte man mit ihm Gassi gehen?

Diese Fragen werden wir in den folgenden Kapiteln nach und nach beantworten.

Beim Spiel mit Papa herrscht oft ein rauer Umgangston. Herumtoben macht Spaß (links), aber man muss immer genau wissen, wann es besser ist, sich mit einer Beschwichtigungsgeste zu unterwerfen (rechts).

Na dann, gute Nacht!

Gleich mal zum Wichtigsten – dem Schlafplatz unseres Welpen. Haben Sie schon einen wunderschönen großen Zwinger gebaut? Dort soll er ja auch nur nachts bleiben und ab und an, wenn man nicht zu Hause ist ...
Vergessen Sie diese Vorstellung bitte ganz schnell! Warum? Nun, werfen wir einen Blick in ein intaktes Hunderudel in freier Wildbahn. Dort schlafen alle Rudelmitglieder beieinander, meist in kleine Gruppen aufgeteilt. Die Welpen und Junghunde schlafen ganz dicht bei den Althunden und dürfen dabei sogar Körperkontakt haben, was eigentlich ganz (bio)logisch ist. Bei uns und unseren Kindern ist es ja auch nicht anders oder sollte es zumindest sein. Ich hoffe, Sie sind nicht der Meinung, wie man sie früher vertrat, dass man die Kleinen ruhig schreien lassen solle; dies kräftige nicht nur die Lungen, sondern sie würden gleich lernen, dass sie nicht verzogen und verhätschelt werden. Falls Sie doch so denken, verzichten Sie lieber auf einen Hund, zumindest auf einen echten. In diesem Falle leistet ein Stofftier bessere Dienste.
Nein, stellen Sie lieber ein Körbchen neben Ihr Bett oder legen eine Decke dort aus. Noch besser wäre es, in der ersten Zeit ganz beim Welpen zu schlafen, also auf dem Boden. Falls Sie in der Zeit zwischen den 60er- und 80er-Jahren studiert haben sollten, fällt Ihnen dies nicht allzu schwer, vermute ich. Da können Sie ja dann ausnahmsweise auch mal wieder den billigen Rotwein von damals kaufen und in schönen alten Erinnerungen schwelgen von Weltverbesserung und so ...

Bitte lassen Sie Ihren Welpen bei sich im Schlafzimmer schlafen. Nicht im Bett, sondern gleich daneben am Boden. Dies braucht Ihr Welpe, um eine gesunde Entwicklung zu nehmen.

Aber bitte nicht so viel davon konsumieren wie einst, denn der Welpe muss nach ca. 4 Stunden an die frische Luft, um sich zu lösen. Und spätestens dann könnte es für uns Probleme geben ...
So nach 4–6 Wochen dürfen Sie wieder in Ihr Bett, falls Sie das noch wollen. Ihr Welpe

Nähe ist wichtig

Bitte lassen Sie Ihren Hund bei Ihnen im Schlafzimmer nächtigen, natürlich nicht im Bett, jedoch gleich daneben.
Das fördert den emotionalen Beziehungsaufbau enorm.

schläft dann neben Ihnen auf dem Boden. Er weiß, dass alles in Ordnung ist und dass er in Sicherheit aufwachsen kann. Das ist sehr wichtig, nicht nur für Hunde. Zudem kann man in einer so garantierten Geborgenheit toll träumen. Und dies behalten Sie bitte so bei, bis dass der Tod Euch scheidet!
Noch etwas zum Thema Schlafen und Schlafplatz. Welpen brauchen – wie Kleinkinder – auch tagsüber einen Raum zum Schlafen und Dösen. Natürlich nicht einen wirklichen Raum im Sinne eines separaten Zimmers, sondern abstrakt gemeint. Dieser »Raum« sollte in unserer Mitte sein. Das fördert die Bindung und unsere Autorität ungemein. Denn selbst wenn der Welpe schläft, spürt er unsere Nähe und die damit verbundene Sicherheit. Nur so können wir ihm Geborgenheit und somit den besten Start ins Leben geben.

Es ist angerichtet

Eine weitere wichtige Frage ist die nach der richtigen Ernährung. Auch hier gilt es mit falschen und überkommenen Meinungen über Art und Häufigkeit der Fütterung aufzuräumen. Schauen wir uns als Erstes den Futterplatz unseres Hundes an. Nicht jeder Welpe ist es schon gewohnt, wie selbstverständlich sauber aus einer Futterschüssel zu fressen. Oder ohne wildes Gespritze aus einer Schüssel zu saufen. Deswegen sollten wir einen Platz für die Fütterung aussuchen, der sich leicht reinigen lässt. Am besten sind hierfür natürlich abwischbare Böden geeignet, etwa Fliesen oder Holzbohlen. Zudem achten wir darauf, dass der Futterplatz des Hundes an einem nicht stark frequentierten Platz in der Wohnung liegt, sodass er in Ruhe fressen kann. Ist dies nicht möglich, meiden wir so lange größere Aktivitäten in der Umgebung des Welpen, bis er mit seinem Mahl fertig ist.
Damit sind wir gleich beim nächsten Punkt: Der Hund/Welpe sollte sein Futter in einer überschaubaren Zeit, für Hunde heißt dies etwa 10 Minuten, gefressen haben. Es sollte also nicht so sein, dass er einen Brocken des Futters aufnimmt, diesen dann in ein anderes Zimmer oder im gleichen Raum umherträgt und ein zeitlich ausgedehntes Mahl daraus macht. Hier erklären wir ihm gleich von Anfang an, dass wir auf solche Spielchen keine Lust haben, und nehmen ihm sofort das gesamte Futter weg. Das bekommt er dann zur nächsten Fütterung wieder vorgesetzt.
Womit wir bei der Frage wären, wie häufig ein Welpe gefüttert werden sollte. Um die Ernährung so artgerecht wie möglich zu gestalten, füttern wir einen 8-wöchigen Welpen 3-mal täglich. Er bekommt dafür die vom Futtermittelhersteller angegebene Ration. Frisst er diese zügig und anstandslos auf, siehe oben, so wissen wir, dass es die richtige individuelle Menge für ihn ist. Lässt er dagegen etwas in der Futterschüssel oder beginnt, mit Futter hin und her zu laufen, dann wissen wir, dass diese Menge zu viel für ihn war.
Zudem könnte er auf den gar nicht dummen Canideneinfall kommen, Futter für mögliche spätere »schlechte Zeiten« zu horten, wofür sich eine Wohnung meistens nicht so gut eignet.

Und welches Futter soll es nun sein? Schlachtabfälle aus dem Schlachthof holen und diese selbst zubereiten mit all den dazugehörigen Begleiterscheinungen wie hoher Zeitaufwand, stinkende Wohnung usw.? Oder lieber ein Hundefutter aus der Dose und dazu sogenannte Hundeflocken? Oder vielleicht eines der vielen Trockenfutter und dies ausschließlich? Eventuell sogar beim Metzger Fleisch kaufen, was nicht ganz billig ist, und dazu Reis und die berühmten Karotten geben?

Um sagen zu können, was eine artgerechte Ernährung ist, schauen wir uns zuerst einmal wieder die Vorgänge in freier Natur an: Wenn Hunde/Wölfe Beute machen, egal, ob sie groß – zum Beispiel ein Reh – oder klein – zum Beispiel eine Maus – ist, fressen sie stets das ganze Tier, also auch den Magen- und Darminhalt der erlegten Beute mit vorverdauter Pflanzennahrung. Bei großer Beute bleiben nur Reste des Skelettes übrig. Zudem nehmen Wildhunde und Wölfe auch immer wieder Früchte, Beeren, Wurzeln und bestimmte Pilze zu sich.

Nach ihren grundsätzlichen Nahrungsansprüchen teilt man die Tiere in 3 Gruppen ein: Pflanzenfresser, Allesfresser und Fleischfresser. Oder, wissenschaftlich ausgedrückt, Herbivoren, Omnivoren und Carnivoren. Unser Hund fällt in die Gattung der Carnivoren, der sogenannten Fleischfresser. »Sogenannt« deshalb, weil der Begriff »Fleischfresser«, wie wir gesehen haben, nicht ganz richtig ist. Denn kein Hund/Wolf kann von Fleisch und Knochen als alleiniger Nahrungsquelle leben. Deswegen sollten wir nicht »Fleischfresser« sagen, sondern vielmehr »Ganztierfresser«. Wissenschaftlich ausgedrückt hieße das »Faunivor«.

Dies müssen wir auch bei der Ernährung für unseren Welpen/Hund berücksichtigen. Also am besten das »Natur-Rezept« füttern. Allerdings dürfen wir nicht den Fehler machen, den Trend moderner menschlicher Ernährung,

Die Frage nach dem richtigen Futter!

Sie wird heutzutage zur Gretchenfrage ... Geben Sie Ihren Hund ein sehr gutes Trockenfutter ohne Konservierungsmittel, dann sind Sie immer auf der sicheren Seite.

Für alle Babys ist die Muttermilch das Beste. Artgerechte Ernährung sollten wir auch unserem Hund bieten, wobei ein gutes Trockenfutter durchaus wesentlicher Bestandteil sein darf.

der sich immer mehr zu rein pflanzlicher und vollwertiger Kost hin entwickelt, auf unseren Hund zu übertragen. Vegetarismus mag für Menschen eine Alternative sein, nicht jedoch für unsere Hunde. Ergo: Weg mit dem »Karottenwahn«, Haferflocken, Reis & Co. Dies kann unser Hund nicht verwerten, da ihm die dafür notwendigen Enzyme und Verdauungsfermente fehlen. Ein vollwertiges Hundefutter muss Kohlenhydrat- und Vitaminquellen enthalten, und zwar in einer Form, die unser Hund auch verwerten kann.

Die nächste Frage lautet also, wie bringt man dieses Futter am besten auf den Tisch, pardon, in den Napf? Frisch, aus der Dose oder als Trockenfutter? Hier die erste Möglichkeit: Das Fleisch können wir relativ leicht beschaffen, nämlich aus dem Schlachthof oder von unserem Metzger. Aber wie geht das mit den Vitaminen und den Kohlenhydraten? Eigentlich ganz einfach: Sie besorgen sich Lab aus der Käserei, kaufen allerlei Gemüse wie Karotten, Spinat, Kartoffeln usw. und nehmen dazu noch eine Getreideart wie Hafer oder Reis. Dies alles geben Sie mit Lab und Wasser in einen großen Topf und kochen es eine Zeit lang. Ist das Gemisch fertig gegart, so füllen Sie es in die Futterschüssel des Hundes und legen das Fleisch dazu. Die genaue Mengenverteilung müssen Sie sich selbst ausdenken, dazu gibt es noch keine Analysen. Zudem sollten Sie sich an den etwas eigenartigen Geruch in ihrer Wohnung gewöhnen, den es gibt, wenn man Lab kocht. Ganz zu schweigen von dem Zeitaufwand ...

Bieten Sie Ihrem Raubtier Hund nicht nur eine artgerechte Erziehung, sondern auch eine artgerechte Fütterung für ein langes Leben. Für Welpen wird heute vielfach spezielle Nahrung angeboten.

Ich glaube, diese Art der Nahrungszubereitung für unseren Hund fällt damit flach. Wenden wir uns also der Fütterung aus der industriell hergestellten Dose zu. Diese wird von der Futtermittelindustrie als »frischeste« Form der Futterdarbietung angepriesen. Schauen wir dabei zuerst einmal das Preis-Leistungs-Verhältnis an. Das spielt ja auch eine große Rolle, kommt doch in den 10 bis 15 Lebensjahren eines Hundes einiges an Kosten auf den Hundehalter zu.

Gegenüber dem Trockenfutter ist die Nahrung aus der Dose deutlich teurer, denn aufgrund des hohen »Feuchtigkeitsanteils« – eigentlich müsste man »Wasser« dazu sagen – ist die Energiedichte hier viel niedriger. Und wer transportiert schon gerne unnötig Wasser durch die Gegend? Zudem haben wir sehr viel Abfall durch Dosen oder Schalen und belasten somit unsere Umwelt unnötig. Obendrein

Welpen kauen gern auf allen erdenklichen Gegenständen herum. Deshalb sollte man ihnen für eine gesunde Entwicklung der Zähne entsprechende Kaumaterialien anbieten.

werden Futtermittelkonserven bei der Drucksterilisation langzeithocherhitzt, was die viel gepriesene Frische in der Dose genauso herabsetzt, wie dies eine Trocknung tut. Ein Feuchtfutter, das aus 20–30 % Wasser besteht, benötigt, um die Qualität zu halten, außerdem synthetische Konservierungsstoffe und sogenannte Feuchthaltesubstanzen. Außerdem reicht der Doseninhalt als Alleinfuttermittel leider nicht aus. Zusätzlich benötigen wir in der Regel auch noch die so wichtigen Kohlenhydrate und weitere Vitamine in Form von »Hundeflocken«. Also ist die Dosenfütterung, genau betrachtet, ebenfalls keine optimale Lösung. Auch der unvermeidlichen Zahnsteinbildung wird durch die Nassfütterung nur Vorschub geleistet.

So kommen wir zur letzten Alternative, der Trockenfütterung. Bei der Herstellung von Trockenfutter gibt es zwei verschiedene Methoden: das Pelletieren zur Produktion von Pellets oder Presslingen und das Extrudieren zur Herstellung von Extrudaten oder Kroketten. Bei beiden Verfahren werden sämtliche Rohstoffe, die für eine vollwertige Hundeernährung notwendig sind, zerkleinert. Damit wird gewährleistet, dass die komplette Rezeptur in jeder Krokette oder jedem Pellet vollständig enthalten ist. Zudem werden Stärke und Kohlenhydrate bei dieser Art der

Eine gesunde Ernährung ist ein wichtiger Faktor für die Entwicklung des Welpen. Stimmt alles, so werden Sie einen zufriedenen und stets spielfreudigen Hund haben.

Herstellung so aufgebrochen, dass der Hund sie vollständig verdauen und somit verwerten kann. Trockenfutter kann gut dosiert werden und ist auch in puncto Hygiene dem Nassfutter vorzuziehen, da es keine leicht verderblichen Reste ergibt. Gute Trockenfuttermittelhersteller verzichten ganz auf chemische Zusatzstoffe und Konservierungsmittel, die wiederum die Gesundheit des Hundes belasten können, besonders die der atopischen (allergischen) Hunde. Sie konservieren rein mit Vitamin C und Vitamin E. So bleibt auch der natürliche Geschmack der enthaltenen Lebensmittel erhalten.

Was noch die Frage offen lässt: »Wie oft soll oder darf ich meinen Hund füttern?« Da gilt es natürlich erst einmal das Alter des Hundes zu berücksichtigen. Welpen bis zu einem Alter von 12 Wochen werden wie gesagt 3-mal pro Tag gefüttert, am besten in der Früh, mittags und abends. Geben Sie ihm die jeweils angegebene Menge an Trockenfutter pro Mahlzeit. Ungefähr ab der 13. Lebenswoche des Hundes reduzieren Sie auf 2 Mahlzeiten pro Tag.

Das richtige Maß

Füttern Sie Ihren Welpen 3-mal am Tag. Ab etwa der 14. Lebenswoche geben Sie bitte nur noch 2-mal am Tag Futter. Mit ca. 7 Monaten reduzieren Sie auf 1-mal Fütterung pro Tag und legen zudem noch wöchentlich einen Fasttag ein.

Sie können den individuellen Zeitpunkt daran erkennen, dass Ihr Welpe an einer der 3 Mahlzeiten nicht mehr so viel Interesse zeigt. In der Regel ist das die Fütterung in der Früh oder mittags. Die 2-malige Fütterung behalten Sie dann bei, bis Ihr Hund, je nach Größe der Rasse, 7–12 Monate alt geworden ist. Spätestens dann ist es an der Zeit, auf 1 Mahlzeit pro Tag umzustellen. Und auf 1 Fasttag in der Woche. Ja, Sie haben schon richtig gelesen: **einen Fasttag!**
Sie wollen doch auch ein langes und gesundes Leben für Ihren Hund, oder? Da unsere Hunde Beutegreifer sind, auch Raubtiere genannt, besitzen sie einen völlig anderen Verdauungsapparat als wir Menschen. Aufgrund dessen sind sie in der Lage, große Mengen an Futter schnell zu fressen oder sie gar nur hinunterzuschlingen, um sie dann etwas später wieder hervorzuwürgen und mit mehr Ruhe zu vertilgen. Große und reichhaltige Beute gibt es jedoch bei weitem nicht alle Tage. Sie ist eher die Ausnahme, 1- bis 2-mal pro Monat vielleicht. So müssen die restlichen Tage in freier Natur eben mit Fasten oder kleinen »Naschereien« wie Beeren, Früchten, Pilzen etc. überbrückt werden. In der Obhut des Menschen dagegen bekommen Hunde **jeden Tag** diese üppige Nahrungsmenge! Und dies manchmal auch noch 3-mal am Tag und in höchster Qualität mit meist zu hoher Energiedichte. Dass Hunde dadurch krank werden können, weil es für ihren Stoffwechsel einfach zu viel ist, kann man jetzt besser verstehen.

Willkommen im Rudel – und bitte vergessen Sie nicht, die artgerechte Er- und Beziehung fängt mit dem ersten Tag im neuen Rudel an! Auch Jugendliche sollten die für alle gültigen Regeln strikt befolgen.

Nehmen wir uns den Vaterrüden als Erziehungsvorbild. Genau nach seinen Regeln sollten wir auch unseren Hund erziehen. Das Bild zeigt, wie deutlich Dominanz und Unterwerfung durch Körpersprache ausgedrückt werden.

Erfolgreiche Geschäfte

Jetzt aber endlich zu einer Frage, die jeden Welpenbesitzer naturgemäß dringend interessiert: Wie bekomme ich meinen Hund am schnellsten stubenrein? Nach den bisherigen Ausführungen liegt die Antwort eigentlich schon auf der Hand. Hat unser Welpe auf emotionaler und geistiger Basis Sicherheit von uns erfahren, ist auch die Stubenreinheit kein Problem mehr.

In der Praxis sollte man sich in der 1. Woche 1-mal in der Mitte der Nacht den Wecker stellen, sodass der Welpe nicht 8–10 Stunden durchhalten muss, und mit ihm zum Lösen nach draußen gehen. Bitte gehen Sie mit hinaus, denn Ihr Welpe braucht in der dunklen Nacht Ihre Anwesenheit, um sich sicher zu fühlen. Die meisten Welpen machen sonst ihr »Geschäft« nicht draußen, sondern beim Wiederhineingehen in die sichere und bekannte Wohnung. Wenn Sie dies eine Woche durchgehalten haben, können Sie in der nächsten Woche den Wecker auf etwas später stellen. Und in der darauf folgenden Woche können Sie vielleicht schon durchschlafen. Falls der Welpe aus irgendeinem Grund trotzdem zwischendurch in der Nacht raus müsste, wäre

das auch kein Problem, denn er schläft ja bei Ihnen, und Sie würden dies anhand seines Fiepens merken. Tagsüber lautet die Faustregel, ihn unmittelbar nach jedem Aufwachen und jeder Fütterung nach draußen zu bringen.
Genauso wichtig und häufig ist auch die Frage nach dem »Gassigehen«. Hier herrschen ebenso viel Unsicherheit und widersprüchliche Meinungen vor wie bei der Futterfrage. Von »3-mal täglich spazierengehen« bis zum Ratschlag, in den ersten Wochen überhaupt nicht zu gehen, da der Welpe sonst überstrapaziert wird, ist alles vertreten.
Schauen wir uns unseren Welpen einmal nach der Fütterung an. Ist die Futtermenge genau richtig, nicht zu wenig und nicht zu viel, dann ist er gleich nach der Mahlzeit immer in Spiel- und Bewegungslaune, und dem sollten wir Rechnung tragen. Also begeben wir uns auf einen kurzen »Gassi-Weg« mit ihm. Aber was heißt kurz? Etwa 500 m hin und zurück oder 10 Minuten Gesamtlänge? Diesbezüglich kann man keine Goldene Regel aufstellen. Lassen Sie einfach etwas Fingerspitzengefühl walten und lernen Sie Ihren Hund zu beobachten.
Der Spazierweg darf auf keinen Fall so lang sein, dass unser Welpe zwar voller Begeisterung mit uns den Hinweg bestreiten kann, aber dafür auf den Rückweg schlappmacht. Sollte es trotzdem einmal passieren, dass Ihr Welpe physisch überfordert ist und sich beim Nachhauseweg des Öfteren hinlegt, dann nehmen Sie ihn ausnahmsweise auf den Arm und tragen ihn nach Hause. Genauso schlecht ist aber auch eine Unterforderung, also ein zu kurzer Spazierweg.

Gesunde Hunde – glücklicher Mensch. Wenn Welpen so überschwänglich miteinander spielen können, steht mit ihrer Haltung alles zum Besten.

Gut gespielt ist halb gewonnen

Genauso undurchschaubar wie das Angebot an Futtermitteln ist das Angebot an Spielsachen für den Hund. Auch hier übertreffen sich die Hersteller gegenseitig mit jeder Menge Schnickschnack oder gar »pädagogischem Spielzeug«. Manch selbst ernannter »Hundepapst« entwirft gleich ganze Kollektionen davon. Tja, geschäftstüchtig war die Hundeszene schon immer. Aber welches Spielzeug ist nun wirklich sinnvoll für uns und unseren Hund?
Stellen wir uns erst einmal die Frage: »Was bedeutet das Spiel für unseren Welpen oder Junghund im Rudel?« Das Spiel als Basis der elementaren Erziehung dient der artgerechten Sozialisierung und dem Erlernen von lebenswichtigen Fertigkeiten. Zudem hat es nicht nur erzieherischen und lehrenden Charakter, sondern auch einen beschwichtigenden, angstlösenden und aggressionshemmenden Faktor. Aus diesem verhaltensbiologischen Blickwinkel betrachtet, wird schnell klar, dass man allein mit instrumentalisiertem Spiel, sprich Spielzeug, nicht weit kommt. So werden wir den elementaren Ansprüchen unseres Hundes nicht gerecht.
Wir wollen unserem Hund ja nicht nur gute »Dosenöffner« sein, sondern vor allem gute »Hundemamas und -papas«. Und deswegen das Wichtigste gleich vorweg: Ein Welpe muss das Spielen erst einmal **lernen!** Bei einem so intelligenten und damit so umweltoffenen Tier wie unserem Hund können nur sehr wenige Anlagen genetisch fixiert sein, sonst könnte er sich nicht so unterschiedlichen und extremen Lebens- und Umweltbedingungen anpassen. Dies gilt auch für das Spiel mit dem Nicht-Artgenossen Mensch.

Spielen ist für die Entwicklung wichtig – egal ob mit anderen Hunden oder mit seinem Menschen.

Spielen als Erziehungsprogramm

Wir können das artgerechte Spiel mit unserem Welpen zur Vertiefung und Erweiterung der Beziehung zu ihm nutzen. Dazu ist es hilfreich, zu beobachten, was abläuft, wenn Hunde miteinander spielen. Und dabei wird recht schnell klar: Ein Hauptbestandteil die-

Artgerechtes Spiel ist ein Stützpfeiler in unserer Erziehung. Denn darin ist nicht nur pure Freude, sondern auch Konsequenz, Tabuisierung und Disziplinierung eingebunden.

ses Spiels, der als Schlüssel zum Sozialkontakt und damit zu einer tieferen und stabileren Beziehung dient, ist die wohlwollende Konsequenz. Im Verein mit artgerechter Disziplinierung und Tabuisierung haben wir hier die Eckpfeiler der Hundeerziehung. Es geht also nicht nur um das Spielen allein, sondern um ein komplettes Erziehungsprogramm.
Und das können wir ganz ohne die Spielzeugindustrie durchführen. Man braucht dazu nur ein paar alltägliche Dinge und etwas Fantasie. Zum Beispiel alte Zeitungen – bei den meisten ist es gewiss nicht schade darum, wenn sie im gemeinsamen Spiel zerrissen werden. Oder sie dienen, zusammenknüllt, als Ballersatz. Schauen Sie doch einfach mal in Ihren Keller, Dachboden oder die Garage. Sie werden staunen, was Sie hier alles finden können! Hier eine alte Holzleiste, dort die Tennisbälle, die schon ganz ausgebleicht sind, und da, ganz hinten in der Ecke, die Plastiktüte mit alten Lappen ... Alles bestens geeignet für herrliche Spiele mit unserem Hund.

Spielen als Einübung wichtiger Verhaltensweisen

Sie würden doch lieber ein Spielzeug aus dem Hundeladen kaufen, das war doch so nett und süß? Na, meinetwegen ... Wenn Sie dabei nicht vergessen, wozu das artgerechte Spiel

Spielen heißt für unsere Hunde lernen. Lernen für das weitere Leben und die Eingliederung in die Rudelstruktur.

in der Natur dient! Der elementarste Zweck des Spiels liegt darin, dass all die Verhaltensweisen und innerartlichen Benimmregeln, die einmal für das spätere Leben als erwachsener Hund benötigt werden, einstudiert, erlernt und gefestigt werden. Es besteht also immer ein Bezug zum »Ernst des Lebens«. Im jedem Spiel oder Teil davon werden immer wieder unterschiedlichste Sequenzen aus

Nicht einfach nur Spiel

Das Spiel ist für unsere Hunde weit mehr als nur ein lustiger Zeitvertreib! Spielen heißt all das zu erlernen, was für das Überleben notwendig ist.

dem alltäglichen Leben eingebaut und trainiert.
Dieser Spieltrieb zum Einüben wichtiger Verhaltensweisen ist jedem höher stehenden Säugetier angeboren, auch dem Menschen. Und es gibt noch eine weitere Gemeinsamkeit: Er äußert sich umso impulsiver und unsteter, je jünger der jeweilige Sprössling ist. Da die Konzentrationsfähigkeit auch bei Hundewelpen noch nicht sehr ausgeprägt ist, versuchen sie immer wieder, das Spiel zu wechseln, falls ihnen etwas zu schwierig oder zu langweilig erscheint. Doch genau an diesen Punkt – der Konzentrationsfähigkeit und ihrem Training – setzen wir an. Denn auch in der Natur wird dies vom Hundepapa gefordert.
Schon ab der 8. Lebenswoche lässt der Vaterrüde nämlich nicht mehr alles durchgehen bei seinen Zöglingen. Er achtet bereits in diesem uns Menschen noch so zart erscheinenden Alter auf eine gewisse Disziplin. Diese beinhaltet verschiedene Spielregeln, zum Beispiel womit gespielt wird und wie lange. Damit fördert er gezielt die Konzentrationsfähigkeit der Kleinen, wenn auch nicht stundenlang. Aber einen Trainingseffekt möchte er schon erzielen, auch wenn die Welpen da meist anderer Meinung sind. Doch der Vaterrüde ist beharrlich – und dies sollten wir auch sein. Das heißt, auch wenn der Welpe meint, dass das Spiel, das wir gerade mit ihm spielen, für ihn nicht mehr interessant ist, und er zu einem anderen mit neuen Inhalten wechseln will, bestehen wir noch für einen kurzen Moment darauf. Danach wechseln **wir** das Spiel und entlassen unseren Zögling am besten mit einem ausgelassenen Laufspiel.

Spielen als Grundstein für eine gesunde Beziehung

Dies geschieht am besten so: Sie fordern Ihren Hund mit der Spielstellung (Beine breit, Oberkörper nach unten gebeugt, die Arme ausgebreitet) zum Spielen auf. Dann laufen Sie wild mit ihm umher, wobei Sie ihn immer wieder abwechselnd in beide Flanken kneifen. Hat sich Ihr Hundekind so richtig in dieses Spiel »verliebt«, sprich, so richtig hineingesteigert, brechen Sie es unvermittelt ab. Sie richten sich einfach wieder zur Normalstellung auf und gehen in eine andere Richtung. Daraufhin wird sich Ihr Welpe automatisch nach Ihnen richten, er wird also gleich mit Ihnen in die von Ihnen eingeschlagene Richtung laufen.

Das ist es, was ich unter wohlwollender Konsequenz verstehe. Zusammen mit artgerechter Disziplinierung legen Sie auf diese Weise den Grundstein für eine gesunde Beziehung zu Ihrem Hund, in der Sie die geistige Autorität haben.

Sie fragen sich nun, worin hier die artgerechte Disziplinierung besteht? Nun, ganz einfach. Brechen Sie nämlich das Laufspiel ab und gehen in eine andere Richtung, so sollte ja, wie bereits erwähnt, Ihr Welpe dies akzeptieren und einfach mitkommen. Ihr Welpe sieht

Ein guter Züchter stellt seinen Welpen bereits ab der 4. Lebenswoche sinnvolles Spielzeug wie Lappen, Kordeln, kleine und größere Bälle zur Verfügung.

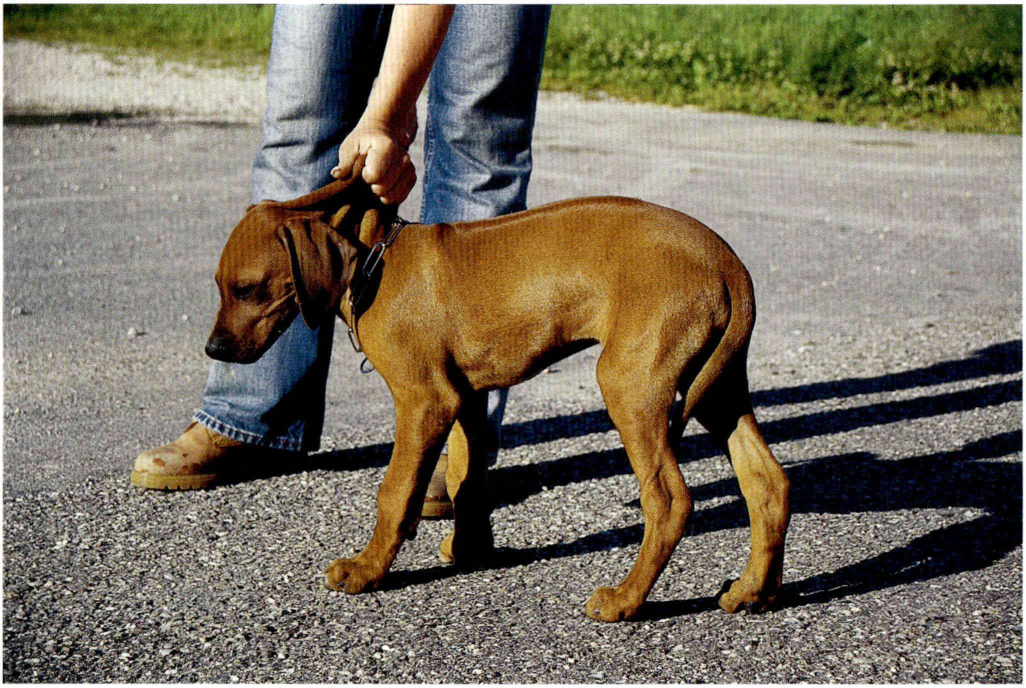

Eine artgerechte Disziplinierungsmaßnahme: der Nackengriff mit kurzen Schütteln. Dies wird in der »modernen Hundeerziehung« leider oft irrtümlicherweise als »Totschütteln« missinterpretiert.

das aber möglicherweise ganz anders. Er hat sich so in das Spiel mit Ihnen hineingesteigert, dass er nicht im Traum daran denkt, einfach damit aufzuhören. Obwohl Sie das Spiel abgebrochen haben und am Weggehen sind, will Ihr Dreikäsehoch unbedingt mit Ihnen weiterspielen. Und dies tut er, indem er zwar mit Ihnen mitgeht, jedoch weiter an Ihnen hochspringt oder Sie in die Beine zwickt. In diesem Fall müssen Sie Ihren Welpen disziplinieren, indem Sie ihn kurz am Nacken packen. Wichtig ist aber, dass Sie dabei weitergehen. Ihr Welpe wird sich Ihnen anstandslos anschließen und diesmal gesittet mit Ihnen gehen. Ganz nebenbei haben Sie so übrigens auch noch sein Vertrauen erlangt und Ihre Beziehung zu ihm gefestigt.

Noch einmal: **Artgerechtes Spiel** mit anderen Hunden jeden Alters und mit uns Menschen ist für den Welpen lebenswichtig als Grundlage für eine gesunde sozial-emotionale Entwicklung! Jeder Hundewelpe erwartet dies zu Recht von seiner neuen Umwelt, das ist ihm angeboren. Wird es ihm vorenthalten, ist das der beste und sicherste Weg, aus ihm einen entwicklungsgestörten und somit neurotischen Hund zu machen – auch wenn es in der Hundeszene natürlich dazu noch andere Meinungen gibt …

Das Kampfspiel – Konsequenz und Tabuisierung

Genauso, wie der Welpe von uns artgerechtes Spiel erwartet, erwartet er auch artgerechte Konsequenz, Tabuisierung und Disziplinierung. Für uns Nicht-Artgenossen bedeutet dies, dass wir alle 4 Elemente miteinander verbinden müssen. Nur so kann sich unser vierbeiniger Freund zu einem sozial intelligenten und normalen Hund entwickeln. Eines der geeignetsten Spiele dafür ist das sogenannte Kampfspiel, das freilich nichts mit einem echten Kampf zu tun hat.
Unter Welpen sieht das folgendermaßen aus: In der Regel beginnt ein Kampfspiel ohne offizielle Spielaufforderung. Vielmehr springt ein Welpe einen anderen unvermittelt an, oder er stupst ihn einfach in die Flanke. Sofort danach rennt der Attackeführende demonstrativ weg. Jedoch nicht sehr weit, und gleich darauf dreht er sich wieder in die Richtung, aus der er jetzt von dem anderen Welpen verfolgt wird. Dies geschieht mehrere Male hintereinander, wobei die Rollen von Angreifer und Verteidiger ständig wechseln.
Eine andere Art und Weise, ein Kampfspiel zu beginnen, besteht darin, sich kurzerhand in ein bereits laufendes Beutespiel einzumischen. Dabei wird der Beuteinhaber attackiert, und man versucht, ihm die Beute streitig zu machen. Natürlich darf hierbei das nötige Knurren und Gekeife nicht fehlen. Dies ist dann meist in seiner ganzen Bandbreite zu hören.
Genauso gehört zu diesen Spielen, dass man alle möglichen Techniken der »Bisse« ausprobiert. Sie brauchen aber als frischgebackener Hundebesitzer keine Angst um Ihren mitspielenden Welpen zu haben. Auch hier wird nur für später, für den Ernstfall bei der Jagd, geübt. Passiert dennoch das Malheur, dass ein Welpe im Eifer des Gefechtes zu fest zubeißt, bekommt er dies gleich vom »Gebissenen« zu spüren. Der wird seinerseits kräftig

Spielen muss gelernt sein

Da der Hund ein sogenanntes »umweltoffenes Säugetier« ist, wird von der Natur aus genetisch sehr wenig vorgegeben, sodass er über das Lernen alles erfahren muss.
Auch das Spielen mit dem Nicht-Artgenossen Mensch!

In dieser Szene betreiben zwei gleichaltrige Welpen ein Kampf- und Beißspiel, um somit wichtige soziale Regeln und eine Beißhemmung für später einzustudieren.

zupacken, um ihm damit zu verdeutlichen, dass dies ein wenig zu heftig war. So wird die Beißhemmung erlernt und gefestigt.
Dies ist ein wichtiger Punkt für uns: Da wir Menschen kein Fell besitzen, muss unser Welpe nämlich jetzt zusätzlich zur Beißhemmung unter Artgenossen auch noch lernen, dass wir Menschen hier sensibler sind. Also machen wir es dem etwas zu heftig »gebissenen« Welpen nach und packen unseren Hund mit der Hand. Zugleich erklären wir ihm nachdrücklich, dass er künftig bei uns Menschen mehr aufpassen muss. Dieses Spielbeißen wird nie lange und nicht immer an der gleichen Stelle ausgeführt. Also: Niemals lange an ein und derselben Stelle zupacken, sondern immer an verschiedenen Punkten seines Körpers. Und wir haben einen entscheidenden Vorteil dabei, wir haben ja gleich zwei Hände zur Verfügung!

Auch wann das Zeigen von aktiver und passiver Unterwerfung angebracht ist, muss erst durch das Spiel mit dem Altrüden erlernt werden. Die Handlungsabläufe selbst sind angeboren.

Autoritätsbindung durch Spielen

Steigert sich unser Hund etwas zu sehr in das Spiel hinein, bekommt er gleich eine weitere Lektion, nämlich die der Unterwerfung. Dabei greifen wir mit der einen Hand in die Kehlgrube und drücken ihn mit der anderen Hand auf den Rücken. So gelandet, muss er ruhig liegen bleiben. Er darf nicht versuchen, sich zu wehren, um sich aus dieser Lage zu befreien: Auch die Unterwerfungsgesten müssen gelernt werden! Bleibt er in dieser Unterwerfungshaltung liegen, nehmen wir langsam die Hand von seiner Kehlgrube weg. Versucht er erneut, sich zu entziehen, reagieren wir sofort wieder mit dem Kehlkopfgriff. Danach bekommt er eine weitere Chance, unsere Autorität 100%ig anzuerkennen, indem wir den Griff leicht lösen. Sollte dies wieder nicht funktionieren, wiederholen wir das Ganze so oft, bis er es akzeptiert hat.
So lernt unser Junghund auch, unsere körperliche Überlegenheit anzuerkennen. Und indem wir ihm dies demonstrieren, stabilisieren wir gleichzeitig unsere geistige Autorität. Diese Erfahrung festigt nicht nur seine Bindung an uns, sondern auch noch seine soziale Kompetenz, indem er seinen Platz im Rudel

bekommt. Das heißt, diese Autoritätsbindung gewährleistet nicht nur unsere körperliche wie geistige Führerschaft, und zwar lebenslang, sondern fördert auch seinen sozialen Bezug und seine emotionale Intelligenz.

Mit Spiel die Rudelstruktur erhalten

Spätestens jetzt dürfte klar sein, warum das artgerechte Spiel mit »seinem Menschen« so elementar wichtig für die Entwicklung des Welpen ist. Trotzdem: Ihr Welpe und Junghund braucht auch das Spiel mit seinesgleichen, mit anderen Hunden. Denn selbst der beste Hundekenner wird niemals ein Hund werden und kann daher das Spiel unter Artgenossen mit all seinen Facetten wie Lauf- und Fangspiele etc. niemals ersetzen. Dazu kommen wir später noch genauer.

Sinn der Spielerziehung ist es, eine funktionierende Rudelstruktur in unserem Mensch-Hund-Rudel zu erhalten. Bitte vergessen Sie nie, dass unser Hund immer im Rudelkontext denkt. Denn nur ein intaktes Rudel gewährt Sicherheit und Überleben. Und damit es intakt bleibt, gibt es eine klar strukturierte Hierarchie mit bindenden Regeln und Geboten. Auch die individuellen Freiräume in den hierarchischen Stufen sind so festgelegt. Damit werden Fehlgriffe innerhalb des Rudels auf ein Minimum reduziert. Jedes Rudelmitglied ist in dieses harmonische Miteinander eingebunden. Man widersetzt sich den Rudelchefs nicht, sondern bringt ihnen vielmehr so oft wie möglich Huldigungen dar. Allerdings

Jeder Hund muss Spielen erst lernen, sei es mit Artgenossen oder mit uns Menschen! Ausgiebiges Beschnuppern steht am Beginn jedes Kennenlernens.

lastet auch eine große Verantwortung auf deren Schultern. So wie auf unseren, wenn wir diese Stellung bei unserem gemischten Mensch-Hund-Rudel einnehmen. Denn Hunde sind sehr gute Beobachter und verfügen zudem über ein exzellentes Gedächtnis. Sie werden daher immer ein wachsames Auge auf uns »Menschenchefs« haben und darauf achten, dass im Rudel alles mit rechten Dingen zugeht. Kleine Fehler werden sie uns dabei jederzeit verzeihen, nicht aber elementare und grobe, die in der Natur das Rudelüberleben in Frage stellen würden.

Stimmt die Struktur des Rudels nicht, so werden sich unsere Hunde dagegen auflehnen. Bei jungen Hunden sieht dies noch sehr harmlos aus. Da werden Befehle ignoriert oder nur teilweise ausgeführt. Mit solch kleinen Statustests versuchen die Hundekinder herauszufinden, woran sie bei uns nun eigentlich sind. Völlig anders sieht dies bei erwachsenen Hunden aus. Denn haben wir bei unserem erwachsenen Hund das Gesicht verloren, indem wir ihm keine Führerschaft bieten, wie er sie für ein harmonisches und problemloses Miteinander benötigt, wird er uns mit seiner ganzen Raubtierart entgegentreten und versuchen, das Ganze selbst in die Hand zu nehmen – genauer gesagt, zwischen die Zähne. Und dies kann für uns als Hundehalter und unsere nähere und weitere soziale Umgebung böse ausgehen.

Gesundes Selbstbewusstsein und soziale Intelligenz durch Spielen

Hier möchte ich aber noch unbedingt etwas klarstellen: Dieses Anerkennen unserer abso-

Laufspiele dienen zur Entwicklung der Motorik und zur Gesunderhaltung des heranwachsenden Bewegungsapparats.

luten Rudeloberhauptstellung hat nichts mit dem zu tun, was manche Hundeausbilder darunter verstehen. Hier schreit der Hundeführer ein lautes »Bei Fuß«, und der Hund knickt dabei gleich so weit ein, dass er diesen Befehl praktisch auf Höhe der Grasnarbe despotisch ausführt. Oder er beißt auf das Kommando »Fass« blindwütig um sich, natürlich mit dem entsprechenden Getöse. So etwas erreicht man nur, wenn man seinen Hund als Objekt, als Sportgerät, ansieht und auch so ausbildet. Und eine Dressur dieser Art hat nun einmal rein gar nichts mit artgerechter Erziehung und der daraus entstehenden Beziehung zu tun! Eine artgerechte Erziehung und Autorität verhilft unserem Welpen zu einem gesunden Selbstbewusstsein und sozialer Intelligenz. Und genau dies sollte das Ergebnis sein, wenn man einen Freund fürs Leben sucht.

Unser Ziel ist es, unserem Welpen/Hund eine artgerechte Erziehung zu geben, die dazu führt, dass er eine innige Bindung zu uns entwickelt und unsere Chefstellung als Ersatzpapa oder -mama ohne Wenn und Aber respektiert. Die 4 elementaren Grundpfeiler einer artgerechten Erziehung,

- wohlwollende Konsequenz,
- erzieherische Tabuisierung,
- artgerechte Disziplinierung und
- erzieherisches Spiel,

die uns schon als Bestandteile des artgerechten Spiels begegnet sind, haben wir vom Hunderudel abgeschaut. Führen wir das ganze Erziehungsprogramm nach guter Hundemanier durch, so hält es für ein ganzes Hundeleben. Sind das nicht gute Aussichten?

In der Entwicklung des Welpen nimmt sein Mensch die Rolle eines Ersatzpapas ein.

Die 4 Eckpfeiler einer artgerechten Er- und Beziehung

- Wohlwollende Konsequenz,
- erzieherische Tabuisierung,
- artgerechte Disziplinierung und
- erzieherisches Spiel.

Jetzt kommt Bewegung in die Sache

Ist der Welpe dann 14 Wochen oder älter, also bereits ein Junghund, können Sie schon zu ausgedehnteren Spaziergängen oder gar sportlicher Betätigung übergehen. Natürlich alles mit Maß und Ziel! Einen Marathonlauf dürfen Sie auf keinen Fall von Ihrem Junghund fordern, das sollte klar sein. Aber täglich 3–5 km, je nach Körpergröße des Hundes, dürfen es schon sein. Und die Länge der Strecke können Sie dann Stück für Stück im Laufe der Entwicklungszeit Ihres jüngsten Familienmitglieds erhöhen.

Das Lauftier Hund braucht Auslauf! Bitte passen Sie dies dem Alter entsprechend an. Aber »belasten« Sie Ihren Hund nicht erst mit 1 Jahr durch Bewegung, wie es in der »Hundeszene« leider nur allzu oft empfohlen wird!

Und schon taucht ein weiteres verbreitetes Vorurteil auf: Es heißt doch immer wieder, man dürfe den Hund nicht vor der Vollendung des 1. Lebensjahres richtig körperlich belasten? Würden Sie diesen Rat befolgen, würden Sie die besten Voraussetzungen dafür schaffen, dass Ihrem Hund später einmal etwas am Bewegungsapparat fehlt! Genauso, wie Überlastung bis zur ca. 12. Lebenswoche zu dauerhaften Schäden am wachsenden Bewegungsapparat führen kann, so gilt dies auch umgekehrt. Spätestens ab dem 4. Lebensmonat braucht der Organismus des Junghundes nämlich vermehrt sportliche Aktivität und Bewegung, was man übrigens auch an den immer ausgedehnteren Lauf- und Tollspielen mit den Artgenossen ablesen kann.
In dieser Wachstumsphase ist es besonders wichtig, die Sehnen, Bänder und Muskelgruppen und damit auch den Stoffwechsel täglich zu trainieren und damit zu stärken. Tut man dies nicht, kommt es zu Ungleichmäßigkeiten im Aufbau des Bewegungsapparats, was zu einer Instabilität führt. Später muss dieser instabile Bewegungsapparat dann das vollständige Körpergewicht des Hundes tragen, auf das die unterentwickelten Partien nicht vorbereitet sind. Die Folge sind häufig Bänderrisse oder -anrisse sowie muskuläre Probleme, die oft nicht richtig diagnostiziert werden, oder komplette Sehnenabrisse. Dies wird durch ein Übergewicht des Hundes zusätzlich verstärkt.
Noch ein Wort zu der von allen Hundezüchtern und Hundebesitzern so gefürchteten

Hüftgelenksdysplasie (HD). Sie ist nicht erblich, wie landläufig angenommen! Selbst zwei Elterntiere, die schwere HD haben, können HD-freien Nachwuchs zur Welt bringen. Nicht der Gelenkspfannendefekt wird vererbt, sondern vielmehr eine Schwäche des Bindegewebes, das eigentlich den ganzen Halteapparat samt Bändern und Sehnen stabilisieren sollte. Das Szenario ist dabei immer das Gleiche: Häufig verbringen die Welpen beim Züchter die ersten Wochen in einer Wurfkiste. Ab der 3. Lebenswoche erwacht der Bewegungsdrang der Kleinen, und so wollen sie aus der Kiste herausklettern, um die nähere Umgebung zu erkunden. Bindegewebsschwäche, überforderte Bänder und Sehnen sowie möglicherweise noch Übergewicht legen dabei den Grundstein für die Hüftgelenksdysplasie. Kommt in den folgenden Lebenswochen eine weitere Überanstrengung des Bewegungsapparates hinzu, ist die Symptomatik perfekt.

In den Zuchtverbänden geht man nach wie vor davon aus, die Dysplasie wäre erblich, und selektiert damit auf falscher Grundlage. Viel sinnvoller wäre es, Hunde von der Zucht auszuschließen, welche die Bindegewebsschwäche in sich tragen und somit auch weitervererben. Meist sind diese Hunde zudem atopisch veranlagt. Diese Atopie, die mit Pigmentverlusten einhergeht, habe ich ausführlich in meinem Buch »Von Hunden und Menschen« beschrieben.

Besitzen Sie schon einen Hund, der unter Hüftgelenksdysplasie leidet, bewegen Sie ihn trotzdem, auch wenn Ihnen die gängige Lehrmeinung zum glatten Gegenteil rät! Moderate

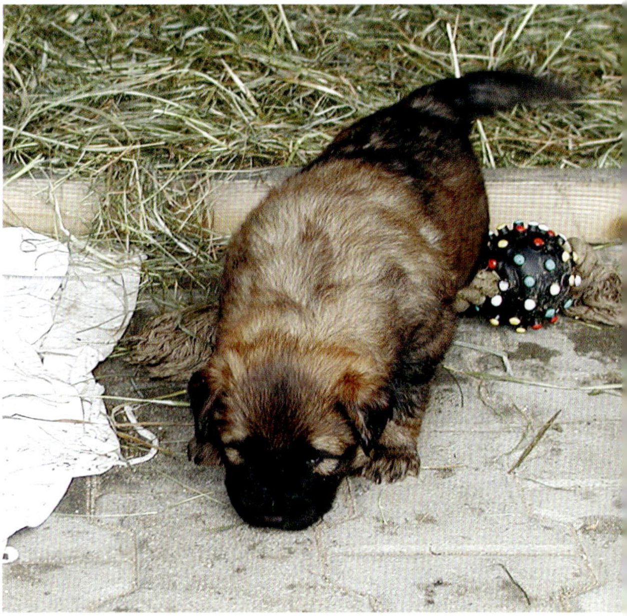

Züchter sollten daran denken, dass die Welpen ab der 3. Lebenswoche mit motorischen Aktivitäten beginnen. Somit stören hohe Wurfkisten diesen Entwicklungsabschnitt. Eine kleine Latte genügt, um den Ruhebereich abzugrenzen.

Bewegung, am besten eine, die leichtes Laufen mit Schwimmen kombiniert, aktiviert seinen Stoffwechsel. Und ohne intakten Stoffwechsel kann der Körper nichts reparieren oder gar Schadstoffe abtransportieren. Das ist aber gerade im Falle der Hüftgelenksdysplasie dringend nötig. Hier gilt das Sprichwort »Wer rastet, der rostet« ganz besonders!

Zur Unterstützung gibt es hervorragend wirkende pflanzliche oder auch homöopathische Mittel. Fragen Sie einen guten Tierarzt danach. Dann haben Sie und Ihr Hund bis ins hohe Hundealter hinein trotz Hüftgelenksdysplasie wenig Probleme.

Welpenspieltage – sinnvoll oder nicht?

Jetzt hätten wir schon ein paar wichtige Dinge geklärt. Da wir aber mit unserem Welpen wirklich alles richtig machen wollen, geben wir uns damit nicht zufrieden. Als moderner und aufgeschlossener Hundehalter müssen wir unbedingt eine Welpenschule oder sogenannte Welpenspieltage besuchen, sonst werden wir womöglich beim Gassigehen schief angeschaut. Jede Hundezeitschrift berichtet schließlich darüber! Rein aus organisatorischer Sicht ist das auch gar nicht schwierig, denn Hundeschulen, die Welpenspieltage anbieten, schießen wie Pilze aus dem Boden, und mit Sicherheit ist auch in Ihrer Nähe eine. Bleibt nur noch die Frage, ob es wirklich sinnvoll ist, mit seinem Welpen hinzugehen.

Nun herrscht auch in vielen Hundeschulen sehr viel Unklarheit über den richtigen Umgang mit Welpen. Schon der Begriff »Welpe« wird missverständlich oder zumindest sehr großzügig gehandhabt. Bei vielen dieser Einrichtungen spielen nämlich »Welpen« verschiedensten Alters miteinander. Normal – möchte man auf den ersten Blick meinen. Aber wenn ein 8-wöchiger Welpe einer kleinen Rasse mit einem 6-monatigen »Welpen« einer großen Rasse in derselben Gruppe ist, sind Probleme vorprogrammiert. Denn erstens möchte ein Welpe mit 8 Wochen ganz anders spielen und seine Umwelt erkunden als ein Junghund mit 6 Monaten. Zum Zweiten liegen Welten zwischen dem physischen und psychischen Entwicklungsstand der beiden Hunde. Alleine die motorischen Fähigkeiten der beiden sind schon nicht mehr miteinander zu vergleichen, geschweige denn die psychischen. Sie schicken ja auch nicht Ihr 3-jähriges Kind in eine Bande von 14-jährigen Jugendlichen, damit es mit diesen spielt, oder?

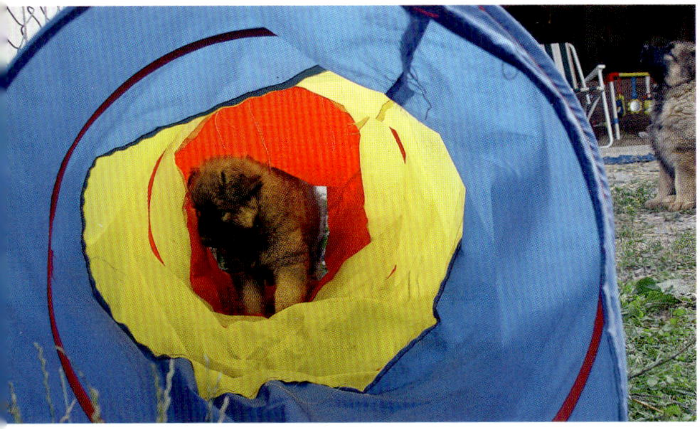

In aller Munde: Welpenspieltage mit möglichst bunten Spielgeräten. Ob sie wirklich sinnvoll sind, entscheiden Sie als Hundebesitzer ganz alleine! Denn ohne artgerechte Er- und Beziehung ist der beste Welpenspieltag nutzlos.

Für die gesunde Entwicklung des Welpen sind intensive Sozialkontakte unerlässlich, und zwar sowohl zum Menschen als auch zu anderen Hunden. In dieser Hinsicht kann es nie ein Zuviel geben. Auch Welpenspieltage sind hierfür geeignet.

Sehr sensible Welpen oder solche, die bei ihrem »Züchter« nicht sehr viel von der Umwelt gesehen haben, geraten bei so einer Konstellation leicht in die Rolle des Prügelknaben für die »Halbstarken«. Sie werden vermehrt in die Zange genommen und in die Enge getrieben. Dies fördert nicht die Sozialität, was man eigentlich mit diesen Spielstunden erreichen möchte, sondern vielmehr das glatte Gegenteil, zumal die Verantwortlichen dann meist auch noch falsch eingreifen und damit die ganze Sache zum Eskalieren bringen. Die »Prügelknaben« wachsen dann logischerweise zu sozial unsicheren Hunden heran, die vermehrt Probleme im Umgang mit ihren Artgenossen haben. Schließlich bekommt der Halter die Schuld für dieses unsoziale Verhalten seines Hundes zugeschrieben, obwohl er eigentlich gar nichts dafür kann. Denn er hat ja aus seiner Sicht alles richtig gemacht und war sogar von Anfang an mit seinem Hund in einer Welpenschule!

Oder die Welpen werden mit allerlei »Umweltreizen« konfrontiert. An und für sich eine gute Idee. Seltsamerweise aber wird mancher »Umweltreiz« von unserem Welpen in der Welpenschule gar nicht beachtet, dafür im Alltag umso mehr. Die Ursache hierfür ist ganz leicht zu erklären: Im Rudel mit seinen Spielkameraden behütet und abgelenkt, geht unser Welpe ohne Probleme über die ausgelegte Plastikplane. Doch schon im »Einzelunterricht«, wenn er ohne seine Freunde zu seinem »Hundeführer« darüber laufen soll, beginnen die Probleme. Aber auch hier weiß man sich noch zu helfen und lockt den Welpen mit viel Leckerli und Belobigungen über

Welpen sollten von Anfang an möglichst verschiedenen Umweltreizen ausgesetzt werden.

die Plane. Manchmal hilft man zudem mit der Leine nach, die man ihm anlegt, falls es anfänglich gar nicht klappen sollte. Und schon haben wir das Dilemma: Unser Welpe wird im Alltag zunächst immer versuchen, ähnlich aussehenden Untergründen aus dem Weg zu gehen, da wir ihm mit unseren Maßnahmen eigentlich gezeigt haben, dass an seiner Vorsicht doch etwas dran sein muss!

Fluch oder Segen

Welpenspieltage können eine sehr gute Bereicherung für Ihren Hund sein. Allerdings nur, wenn Sie auch eine kompetente Welpenschule finden. Leider sind 90 % der Welpenschulen nicht zu empfehlen.

Dies klingt nun alles so, als ob ich gegen Welpenspieltage wäre. Ich bin es natürlich nicht. Ich möchte Ihnen nur raten, sich die Hundeschule vorher in Ruhe gut anzuschauen. Gibt es dort verschiedene Gruppen, in denen Welpen und Junghunde ihrem Alter und Entwicklungsstadium entsprechend spielen und agieren können? Zweitens, und das ist ganz wichtig, gibt es dort auch erfahrene Althunde, einen oder sogar mehrere, die ab und an in die Gruppe kommen? Denn nur durch diese Althunde lernen unsere Welpen und Junghunde den richtigen Umgang und nötigen Respekt, den sie für das spätere Leben brauchen. Welpen und Junghunde sind zwar wunderbare Spielkameraden und für das Erlernen vieler sozialer Interaktionen untereinander sehr wertvoll, aber ohne die Erfahrung eines Althundes wäre dies nur eine halbe Sache. Natürlich muss nicht jedes Mal beim Welpen-

Für Welpen und Junghunde unerlässlich: der Kontakt mit älteren Hunden mit Erziehungsqualität!

Die Grundpfeiler der artgerechten Erziehung: Konsequenz, Disziplinierung, Tabuisierung. Auch beim Zusammensein mit anderen Menschen und Hunden, beispielsweise bei einem Welpenspieltag, muss stets gemäß dieser Maxime gehandelt werden.

treffen ein Althund dabei sein; von Vorteil wäre es allerdings schon. Bei unseren Kindern ist es ja ebenso: Der Kindergarten ist ein wundervoller Platz, um mit seinesgleichen zu spielen, sich zu messen, zu zanken und soziale Interaktionen zu erlernen. Aber ohne die Intervention von ErzieherInnen und Eltern würde unser Nachwuchs trotzdem nicht die Regeln lernen, die für ein gelingendes Zusammenleben unabdingbar sind.

Aber auch, wenn Sie eine gute Hundeschule gefunden haben: Bitte das mit dem Welpenspielen nicht übertreiben und schon gar nicht als unabdingbares Muss ansehen. Und gibt es keine geeignete Welpenschule, so suchen Sie mit ihrem Hund so viel Kontakt wie möglich mit Artgenossen auf Spaziergängen, Hundetreffs etc. – das tut's nämlich auch. Entscheidend ist vor allem anderen Ihr Umgang mit dem Hund. Sie müssen sich im alltäglichen Leben als verlässlicher Rudelchef im neu gegründeten Hund-Mensch-Rudel erweisen, der im Sinne des Hundes möglichst alles richtig macht. Erziehen Sie Ihren Welpen auf artgerechte Weise. Das ist viel wichtiger als die beste Welpenschule.

Die 4 Grundpfeiler der artgerechten Erziehung

Aug' in Aug' mit seinem Hund – so stellt sich jeder eine harmonische Beziehung vor. Damit das kein Wunschdenken bleibt, müssen einige grundlegende Regeln beachtet werden. Das beruht auf den gleichen natürlichen Prinzipien, wie sie in einem Wolfsrudel herrschen. Die wesentlichen Elemente sind wohlwollende Konsequenz, erzieherische Tabuisierung, artgerechte Disziplinierung sowie erzieherisches Spiel.

Die Grundlagen

Jetzt haben wir also alle Punkte besprochen, die wir uns im Vorfeld – bevor wir uns einen Welpen holen – überlegen müssen. Doch wie geht es nun weiter? Wie sieht das artgerechte Erziehungsprogramm in der Praxis aus? Wie setzt man die Theorie in den Alltag um? Wie mache ich meinem Hund am besten klar, wo sein Platz im Rudel ist? Und wann soll die Erziehung beginnen?

Im Spiel lernen Welpen wichtige Grundregeln für ihr späteres Verhalten als erwachsene Hunde.

Damit es im gemischten Mensch-Hund-Rudel klappt, müssen wir uns erst mal anschauen, wie die Integration der Jungen in einem reinen Hunderudel abläuft. Da sagt keiner: »Lass ihn doch, er ist doch noch so klein!« Also denken wir beim Anblick unseres süßen Welpen bitte gleich daran, dass er ein sogenanntes Raubtier der Gattung Canis ist und immer bleiben wird. Und so stehen wir als Menschen in der Pflicht, ihn **vom ersten Tag an** nach bester Hundemanier zu erziehen und zu behandeln. Dazu brauchen wir die bereits erwähnten 4 Grundpfeiler der artgerechten Er- und Beziehung:

- wohlwollende Konsequenz,
- erzieherische Tabuisierung,
- artgerechte Disziplinierung,
- erzieherisches Spiel.

Zum besseren Verständnis wollen wir diese Begriffe einmal genauer definieren.

Wohlwollende Konsequenz

Das bedeutet nichts anderes als: einmal nein, immer nein und einmal ja, immer ja! Hierzu ein Beispiel: Ihr Welpe ist den 1. Tag im neuen Heim, und entgegen der Vermutung des Züchters zeigt er keinen Anflug von Unsicherheit aufgrund der Trennung von Mama und Geschwistern samt gewohnter Umgebung. Zur Feier des Tages holen Sie sich abends noch einen guten Wein aus dem Keller. Den Welpen lassen Sie im Wohnzimmer, um ihm die steile Kellertreppe zu ersparen. Sie kommen frohgemut aus der Küche, wo Sie den Wein geöffnet und ein passendes Glas geholt haben und ... erstarren in der Wohnzimmertür mit dem guten Wein in der Hand. Ja, genau, Ihr Welpe unterzieht Ihre wertvolle Pfeifensammlung gerade einer genauen Untersuchung! Und wie das bei Welpen so ist, haben die kleinen, nadelspitzen Zähnchen schon etliche Kratzer an den Pfeifen hinterlassen. Sie stehen sprach- und fassungslos vor ihm, und Ihr Welpe sieht Sie mit seinen großen Kulleraugen treuherzig an.

Gemäß der artgerechten Haltung wissen Sie natürlich sofort, was zu tun ist: Sie disziplinieren Ihren Hund und tabuisieren so die Pfeifensammlung. Aber artgerechte Disziplinierung heißt nicht, den Welpen mit einer Zeitung zu schlagen oder ihn zu ignorieren und die Pfeifensammlung wegzustellen. Nein, Sie packen vielmehr Ihren vierbeinigen Zögling am Nackenfell und schütteln ihn kurz. Dabei schauen Sie ihm tief in seine Kulleraugen (hier dürfen Sie – falls Sie ein Mann sind – übrigens jenen klassischen Satz aus dem allseits bekannten Kultfilm »Casablanca« sagen, von dem ich Ihnen ansonsten dringend abraten würde) und bringen gleichzeitig Ihre Empörung über das Geschehene mit emotionalen Worten zum Ausdruck.

Daraufhin verlassen Sie wieder den Raum und beobachten durch die leicht geöffnete Türe, was passiert. Auf keinen Fall bringen Sie das Objekt der Begierde in Sicherheit – Ihr Hund soll es aufgrund Ihrer Autorität als Tabuobjekt akzeptieren. So knüpfen Sie vom ersten Tag an das Band der Gefolgschaft mit ihm. Jetzt können zwei Dinge eintreten.

Wohlwollende Konsequenz

Das heißt vor allen Dingen, dass einmal aufgestellte Regeln im neuen gemischten Rudel immer und in jeder Situation befolgt werden müssen.

Zum einen könnte diese erste Disziplinierung Ihrem Welpen bereits genügen, und er weiß jetzt, dass die Pfeifensammlung für ihn tabu ist. Er wird versuchen, so schnell wie möglich wieder in Ihrer Nähe zu sein und sich mit Anhänglichkeitsbezeugungen für seinen Fauxpas zu entschuldigen. Zum anderen könnte er sich aber, ohne zu zögern, noch einmal die heiligen Hölzer vornehmen. Denn erstens muss da ja wohl etwas Besonderes dran sein, wenn Sie so scharf drauf sind, und zweitens möchte er von seinem Hundepapa wissen, ob dieser das Tabu wirklich ernst meint und auch konsequent durchsetzt. Er testet also aus.

Ist Letzteres der Fall, erscheinen Sie wieder in der Tür und machen Ihre Missbilligung deutlich, indem Sie das Tabuwort, zum Beispiel »Nein!«, rufen. Der Welpe sieht Sie schief an und denkt sich: »Na, das wollen wir ja mal sehen!«, und nagt genüsslich weiter. Woraufhin Sie zu ihm eilen und ihn wie gehabt disziplinieren. Wenn Sie eins draufsetzen wollen, legen Sie ihn am Nackenfell auf den Rücken und fassen mit der anderen Hand leicht an seinen Hals. Dann geht das Spiel von vorne los ...

1 Die Bildserie links zeigt, wie ein Altrüde einem Welpen deutlich macht, dass er das Ballspiel abbrechen will. Zunächst trägt er den Ball provozierend im Maul, um ihn danach fallen zu lassen.

2 Der Welpe will sich natürlich den Ball zum Zwecke eines weiteren Spieles wieder holen und wird daraufhin vom Altrüden mit angedeutetem Nackengriff und viel »Gebrüll« zurechtgewiesen.

3 Der Welpe legt sich auf den Rücken, um dem Altrüden damit zu signalisieren, dass er seine Autorität akzeptiert.

Waren Sie konsequent und haben dem Welpen immer wieder das Tabu klargemacht, so tritt meist der gewünschte Erfolg ein. Der Welpe lässt davon ab und sucht mit Huldigungsversuchen Ihre Nähe. Dann wissen Sie, dass Sie alles richtig gemacht haben.

Konsequenz heißt aber auch, dass alle menschlichen Rudelmitglieder an einem Strang ziehen. Sonst bewahrheitet sich das alte Sprichwort: »Viele Köche verderben den Brei.« Das gilt ganz besonders, wenn Kleinkinder in der Familie sind. Denn hier wird der Welpe oft unbewusst besonders inkonsequent erzogen oder allzu leicht gar als »Streichelzoo« missbraucht. Deshalb möchte ich allen Eltern den Rat geben: Lassen Sie niemals Ihr Kind mit dem Hund alleine! Denn auch der liebste und beste Hund ist und bleibt ein Raubtier, und so kann er nur nach Raubtierart reagieren, falls er bewusst oder unbewusst missbraucht wird, zum Beispiel für »Forschungszwecke« oder als »Blitzableiter«. Ein bereits größerer Junghund kann dann schon mal zu Gegendisziplinierungsmaßnahmen greifen, was im günstigsten Falle ein paar Schrammen mit sich bringt. Passiert so etwas nur einmal, können wir von einem Kavaliersdelikt sprechen. Kommt es aber öfter vor, so wird dies unseren Welpen, ist er einmal ausgewachsen, dazu veranlassen, das gemischte Rudel in diesem Punkt nach seinen Richtlinien zu gestalten. Zusätzlich kann der Welpe ein unkorrektes Verhalten unserer Sprösslinge ihm gegenüber so verallgemeinern, dass er es später auf alle Kinder überträgt.

Erzieherische Tabuisierung

Tabuisierung funktioniert vor allem einmal über ein festes »Tabuwort«, das jedes Mal angewendet wird, wenn der Hund etwas macht, was er nicht soll. Das kann der Klassiker »Pfui!« sein, neuerdings hat sich auch »Nein!« oder, für Anglophile, »No!« eingebürgert. Wichtig ist dabei natürlich, dass Sie **meinen**, was Sie sagen, und das ist nicht unbedingt eine Frage der Lautstärke, sondern eine des Willens!

Tabuisierung dient neben der Ordnung im täglichen Leben auch der Sicherheit des Hundes und vor allem natürlich der Untermauerung Ihrer Autorität. Und deshalb sollten Sie im Alltag Ihrem Welpen von Anfang an klare und konsequente Tabus setzen. An erster Stelle steht hier das Futter.

Genauso verhält sich nämlich der Vaterrüde im Rudel. Auch er tabuisiert vor allem Futter oder Futterreste. Für Welpen im Alter von 7–8 Wochen ist nämlich das Futter der Alten noch nicht ganz verboten. Hie und da stehlen die Kleinen noch etwas von ihren Geschwistern oder dürfen den Eltern Futter vom Fang wegnehmen. Doch bei den ausgewählten und somit tabuisierten Futterstücken oder Knochen gilt das nicht. Der Hundepapa hat stets ein wachsames Auge darauf, auch wenn er ganz unbeteiligt tut. Und wehe dem Welpen, der das vereinbarte Tabu bricht: Sofort schreitet Papa zur Tat!

Unter gar keinen Umständen darf Ihr Hund außer Haus vermeintlich oder wirklich Essbares vom Boden aufnehmen, wenn Sie ihm das nicht gestattet haben. Denn die Gefahr ist einfach zu groß, dass Ihr Hund sonst eines Tages auf dem alltäglichen Spazierweg einen vergifteten Köder frisst – ob von einem »Hundefreund« ausgelegt oder aus welchem Grund auch immer. Deswegen tabuisieren wir jedes »Futter«, das nicht im Fressnapf unseres Hundes ist. Und das geht so: Legen Sie etwas von seinem Hundefutter, ein Stück Käse oder Wurst einfach auf den Boden. Rufen Sie dann Ihren Hund zu sich und beobachten Sie, was er tut. Will er das Futter aufnehmen, schreiten Sie ein und tabuisieren es, indem Sie ihn disziplinieren und ihm zusätzlich mit Worten klarmachen, dass Sie das nicht wollen. Daraufhin wiederholen Sie das Ganze, um zu sehen, ob der Welpe es nun akzeptiert hat. Diesen Tabuisierungsvorgang wenden Sie auf alles an, was Sie als Chef in Ihrem Rudel nicht gestatten.

1 Artgerechte Disziplinierung wird im Spiel immer wieder eingeübt. Hier zeigt ein gelbbrauner Junghund gerade seine Unterwürfigkeit.

2 Das kann in der nächsten Situation aber schon wieder ganz anders sein. Wie man sieht, diszipliniert gerade der Junghund vom oberen Bild seinen neuen Spielpartner.

Artgerechte Disziplinierung

Und wenn der süße Kleine nicht macht, was man möchte? Dann kommt die artgerechte Disziplinierung ins Spiel: ein kräftiges, kurzes Schütteln am Nackenfell, siehe oben. Eine noch weiter gehende Stufe der Disziplinierung – für die hartnäckigeren unter den Welpen sozusagen – wäre dann das erwähnte Auf-den-Rücken-Legen, wobei man dem Welpen leicht an die Kehle fasst, bis er sich ruhig verhält.

Lassen Sie sich übrigens nicht von Aussagen von »Hundekennern« oder in Hundebüchern verunsichern, Ihr Welpe werde »handscheu« oder bekomme »Todesangst« davon. Im Gegenteil: Die artgerechte Disziplinierung gibt ihm Sicherheit im Tun und Lassen, weil er gezeigt bekommt, was er darf und was nicht. Keineswegs eignet sich übrigens der sogenannte Schnauzengriff, der eine Form der Schnauzenzärtlichkeit ist und keine Disziplinierung. Näheres dazu erkläre ich später im Kapitel *Neues aus der Hunde-»Fach«-Welt*.

Manchmal gibt es regelrechte »Dickschädelhunde«. Nehmen wir einmal an, unser Exemplar ist einer davon. Die 2. Disziplinierung lässt ihn vollkommen kalt, und er probiert es noch ein drittes und viertes Mal. Beschleicht Sie vielleicht doch der Gedanke, dass Sie eventuell anders reagieren sollten? Sie denken an das Hundebuch, in dem stand, Sie sollten so etwas ignorieren und Ihren Hund mit Futter ablenken? Geht er darauf ein, sollten Sie ihn überschwänglich loben ...

Dass dies der absolut falsche Weg ist, sollte mittlerweile klar sein. Doch zur Sicherheit noch einmal: Spielen, Lernen und Disziplinieren fließen, wie wir bereits gehört haben, in der Erziehung durch den Hundepapa nahtlos ineinander. Dieses Vorbild sollten wir übernehmen. Die Erziehung durch den Vaterrüden ist absolut konsequent, streng und auch individuell – niemals aber despotisch oder gar willkürlich. Und immer steht der Rudelgedanke im Vordergrund: Nur ein stabiles Rudel, in dem klare Strukturen und uneingeschränkt gültige Regeln herrschen, sichert das Überleben.

Hunde, auch die ganz jungen, sind extrem gute Beobachter. Sie werden uns und unsere Erziehungsmethoden auf das Genaueste unter die Lupe nehmen, um zu prüfen, ob auf uns menschlichen Ersatz-Hundepapa Verlass ist. Und falls der Welpe bei unserem Handeln ihm gegenüber Inkonsequenz bemerkt, wird er dies nicht einfach so auf sich sitzen lassen. Vielmehr wird er mit Provokationen reagieren und schließlich auf die Barrikaden gehen, um zu sehen, ob dies ein einmaliger Ausrutscher war.

Stellt er dabei fest, dass diese Inkonsequenz sich wie ein roter Faden durch unsere Hundeerziehung zieht, kann er uns nicht mehr als Rudeloberhaupt ernst nehmen, auf das man

Mein Rat

Artgerechte Maßregelung meint: Ein kurzer Griff ins Nackenfell und ganz kurz schütteln. Ganz wichtig dabei: Bringen Sie Ihren Willen mit hinüber, dass dies ein wirkliches Verbot ist!

Die Hierarchie geht in einem Rudel immer »von unten nach oben« oder besser gesagt: von jung zu alt. Auch in Ihrem Erziehungsprogramm sollte darin nie ein Zweifel aufkommen.

sich jederzeit verlassen kann. Er wird, nein, er **muss** diese Position also selbst einnehmen! Und in solch einer Situation haben wir als Mensch zwei große Probleme: Erstens erkennt unser Hund uns nicht mehr als Autorität an. Und zweitens haben wir damit einen guten Freund fürs Leben verloren, was wir ja eigentlich mit der Anschaffung des Hundes vorhatten.

Nun benötigt der eine Welpe mehr Disziplinierung, der andere weniger. Wichtig ist, dass Sie bei Ihrer Erziehungsarbeit wie der Vaterrüde wohlwollend konsequent bleiben und Ihre Regeln und Tabus durchsetzen. Dann haben Sie im Sinne und Verständnis Ihres Hundes genau richtig gehandelt. Und ebenso, wie der Vaterrüde hoch geschätzt und geliebt wird von seinen Zöglingen, so werden auch Sie von Ihrem Welpen freudig als kompetente Chefin oder kompetenter Chef anerkannt und verehrt werden.

Erzieherisches Spiel

Bis ins hohe Alter haben unsere Hunde Freude am Spielen und damit am Sozialkontakt. Kaum sind die Zöglinge einigermaßen motorisch in der Lage sich fortzubewegen, ist das ausgelassene Spiel mit der Mutterhündin oder den Geschwistern das A und O im alltäglichen Ablauf.

Ein Leben ohne diese emotionale Ausgelassenheit beim Spiel wäre recht armselig und zudem würden die Welpen seelisch wie körperlich verkümmern! Daran kann man schon erahnen, welch eine bedeutende Rolle das Spiel für unsere Hunde in ihrem Leben einnimmt!

Denn nicht nur die körperliche Entwicklung wird dadurch anhaltend gefördert, sondern

auch auf mentaler Ebene passiert viel Wertvolles, was sich später auch der werte Hundepapa bei der Erziehung zunutze macht.
So trainiert der Welpe neben der motorischen Geschicklichkeit zudem gleich das Konzentrationsvermögen und die körperliche wie mentale Ausdauer! Geht man gar zu ungestüm beim Spielen ans Werk, erkennt dies das Geschwisterchen sofort und die dafür entsprechende Reaktion, »mach mal langsam«, kommt sofort! So werden spielerisch Beiß- und Aggressionshemmung eingeübt. Denn Spielen bedeutet vor allem Kräftemessen samt Geschicklichkeit, aber auch die damit verbundenen Spielregeln einzuhalten.
Ab der 8. Lebenswoche begleitet vor allem der Vaterrüde das Spiel der Welpen. Mit Papa und seinen Geschwistern zu toben und zu rennen, macht nicht nur unheimlich viel Spaß, sondern baut zudem noch innerartliche Spannungen ab. Zudem bettet der Vaterrüde immer mehr erzieherische Maßnahmen in diese Spiele ein!
Er gibt vor, wann, wie und wie lange miteinander gespielt wird. Diese Aufgabe übernehmen wir für die gesamte Dauer des Zusammenlebens mit unserem Hund.
Erlebt Ihr Hund Sie im Rahmen des Spiels motivierend und zugleich souverän, lernt er dadurch auf eine lustbetonte und freudige Art auch Ihre körperliche sowie geistige Überlegenheit kennen. Dies stärkt Ihr Ansehen in seinen Augen beträchtlich!
Im Laufe der Zeit bauen Sie Ihr gemeinsames Spielrepertoire nach und nach aus. So können Sie mit Ihrem Hund dann Apportierspiele einüben, bei denen ebenfalls gelten sollte: Sie beenden das Spiel.
Warum? Nun ganz einfach: Viele Hunde haben zwar Lust, drei-, viermal oder so den Ball etc. zurückzubringen, aber dann möchten sie doch lieber dem Geruch einer Fährte nachgehen oder legen sich einfach samt Gegenstand ins Gras und fangen an sich zu wälzen!
Sie, welcher eigentlich der Chef des Ganzen sein sollten, sind nun auf einmal außen vor und haben somit die A-Karte gezogen ... Also beharren Sie auch hier mit wohlwollender Konsequenz auf eine Fortsetzung des Ganzen und beenden erst danach das Spiel.

Bekommt der Welpe oder Junghund seine emotionale Sicherheit durch definierte Grenzen – wie hier im Spiel –, kann er auch eigene Freiräume optimal für seine Entwicklung nutzen.

Die Entwicklungsphasen

Die Entwicklung des Hundes gleicht in vielfacher Hinsicht der des Wolfes. Und wie bei ihm kann man auch beim Hund verschiedene Entwicklungsphasen unterscheiden. Von besonderer Bedeutung für ein hochsoziales Wesen wie unseren Hund ist, dass wir keine wertvolle Zeit ungenutzt verstreichen lassen und darauf achten, ihn in seinem charakterlichen und körperlichen Reifungsprozess positiv zu unterstützen.

Rudelstrukturen schaffen

Wenn der Hund zu uns kommt, hat er die vegetative Phase (1. bis 2. Woche) und die Übergangsphase (3. Woche) mit erster Kontaktaufnahme zu den Geschwistern und erstem Verlassen des Lagers im Gefolge der Mutter bereits hinter sich. Auch die Prägungsphase (4. bis 7. Woche), in der Neugier und Lernfreude erwachen und in der der Hund alle für sein weiteres Leben wichtigen Umweltsituationen kennenlernen sollte, ist abgeschlossen. Danach – und zu keinem anderen Zeitpunkt! – sollte der Hund zu uns kommen. Denn nun beginnt die Sozialisierungsphase (8. bis 12. Woche), in der die Erziehung in die entscheidende Stufe geht. Im Rudel übernimmt, wie schon erwähnt, jetzt der Vaterrüde das Ganze, und seine Rolle müssen wir ausfüllen.

In der daran anschließenden Rangordnungsphase (13. bis 16. Woche) festigen wir die Beziehung weiter, indem wir unserem Welpen seinen sozialen Platz im Rudel klarmachen. Unsere Position als Rudelchef ist somit schon unangefochten, wenn wir in die Rudelordnungsphase (5. bis 6. Monat) gehen. Das ist auch existenziell wichtig, denn mit der Pubertät (je nach Größe des Hundes vom 7./8. bis ca. 10. Monat), also dem Einsetzen der Geschlechtsreife, beginnt die Expansionsphase, in der der Hund bereits wissen muss, »wie weit er gehen darf«.

Im Folgenden wollen wir nun die einzelnen Phasen etwas genauer beleuchten. Was passiert im Rudel? Was erwartet der Welpe von uns als »Papa« und Rudelchef? Und wie setzen wir das praktisch um?

Mit Beginn der Sozialisierungsphase, also mit der 8. Lebenswoche, sollten wir unseren Welpen übernehmen und das Erziehungsprogramm des Althundes weiterführen.

Papa, bitte übernehmen! Die Sozialisierungsphase

Wie schon erwähnt, beginnt diese Phase mit der Übergabe der Kleinen an den Vaterrüden. Der testet zum Einstieg seine Sprösslinge gleich mal auf Herz und Nieren, indem er sie kräftig durch die Luft schleudert. Das sieht zwar nicht so aus, als ob er es gut mit ihnen meinen würde, ist aber elementar wichtig, um herauszufinden, ob sie physisch in Ordnung sind. Danach beginnt er eine Reihe von Erziehungsspielen, die dazu dienen, ihnen zu zeigen, was sie dürfen und was sie nicht dürfen. Zum einen müssen sie seine unbedingte Autorität anerkennen, damit es später mit der Einordnung ins Rudel klappt, und zum anderen müssen sie lernen, was tabu ist, um erst einmal ihr Überleben zu sichern. Und nicht zuletzt geht es um soziale Gemeinschaft und Vertrauen.

Bei den heranwachsenden Junghunden im Rudel ändert sich jetzt übrigens auch die sogenannte Lagerbindung. Sie unternehmen zusammen schon Ausflüge in die nähere Umgebung, die sich aber zeitlich und vor allem von der Distanz her noch sehr in Grenzen halten. Diese Streifzüge ins »feindliche Gebiet« dienen auch dazu, die Instinktfestigkeit der Junghunde zu testen. Denn dabei begegnen sie nicht nur viel Neuem, das ihre motorischen und geistigen Fähigkeiten fordert, sondern natürlich auch verschiedensten Gefahren, die sogar das Leben kosten können. Ist also bei einem der Kleinen ein »Webfehler« im Instinktinventar vorhanden und kann er die Gefahr nicht richtig erkennen und mit seinen Geschwistern davor flüchten, wird ihm diese mit Sicherheit zum Verhängnis.

Der Vaterrüde legt also jetzt Wert auf Disziplin im Spiel und in der Gemeinschaft und fördert und fordert die Achtung vor ihm als erfahrenem Altrüden. Und genau das Gleiche sollten wir in dieser Entwicklungsphase mit unserem Junghund machen. Wie der Hundepapa nutzen wir dazu das gemeinsame artgerechte Spiel. Hervorragend geeignet ist dafür das Beute-Zerr-Spiel: Nehmen Sie zum Beispiel ein altes Handtuch und beginnen Sie ein ausgelassenes Spiel, indem Sie Ihren Hund zu einem Beutespiel animieren. Dabei zerren Sie an der einen, Ihr Hund auf der anderen Seite an dem

Er hat bei seinen Zöglingen alles im Griff – wir auch?

Hunde haben eine klare Rangordnungsstruktur, die das tägliche Miteinander bestimmt.

Handtuch. Geben Sie ab und zu Ihren Welpen die Oberhand. Das heißt, Sie überlassen ihm nicht die Beute, sondern kämpfen weiter darum, geben dabei aber dem Ziehen Ihres Hundes nach hinten nach.

Den Spielschluss bestimmen natürlich Sie, indem Sie entweder Ihrem Hund die Beute ganz überlassen oder diese schließlich für sich beanspruchen.

Hier noch mal, weil es so wichtig ist: Elementar für die artgerechte Erziehung und eine gefestigte Beziehung zu unserem Hund ist das Übernehmen des Welpen in der 8. Lebenswoche. Denn die Natur hat einen sinnvollen Lehrplan für unseren Hund angelegt und vorgesehen, dass dieser zeitlich eingehalten wird. Bei einer Welpenabgabe erst mit 12 Wochen oder noch später gehen wertvolle Erziehungszeiten verloren, und keine noch so gute »Hundeausbildung« kann dies später einmal wettmachen. Keine »Erbanlagen« und kein Elternteil sind schuld daran, wenn ein Welpe sich dann nicht richtig entwickelt. Der Mensch hat ihm dies verwehrt.

Hat der Welpe dagegen in der Sozialisierungsphase die Erkenntnis gewonnen, dass der Nicht-Artgenosse Mensch für ihn die gleiche Funktion hat wie ein tatsächlicher Artgenosse, wird er alles daransetzen, das Freundschaftsband zu seinem neuen Rudelgenossen Mensch zu festigen. Denn ein junger Hund oder gar noch Welpe denkt nicht an Siegerpokale oder andere Auszeichnungen, sondern stets im Rudelgedanken – und dabei geht's immer auch ums Überleben! Haben wir sein Vertrauen gewonnen, indem wir uns als echte Autorität erweisen, wird er mit uns ein Leben lang durch dick und dünn gehen.

Wer ist hier der Boss? Die Rangordnungsphase

Mit Beginn der 13. Lebenswoche verlässt unser Hund die Sozialisierungsphase. Es beginnt seine »Rangordnungsphase«. Wie es der Name bereits ausdrückt, wird hier – grob gesagt – seine Stellung in der Rangordnung genau festgelegt.
Jedoch nicht im Sinne einer absolut strengen Alpha-Beta-Gamma-Hierarchie; so etwas verbietet die hochstehende soziale Struktur des Hunderudels von vornherein.
Das gewachsene Rudel besteht aus unterschiedlichen Gruppen. So gibt es eine Runde der Alt- und voll ausgewachsenen Hunde, eine Runde der Halbwüchsigen und eine der Welpen und Junghunde. Und in jeder dieser verschiedenen Altersrunden gibt es eine individuelle hierarchische Strukturierung, die sich dann dem Gesamtrudelverband angliedert. Man kann sich das gut am Beispiel einer kleinen Firma vor Augen führen: Da ist der normale Arbeiter, der dem Vorarbeiter unterstellt ist. Dieser wiederum hat einen Abteilungsleiter über sich. Dem Abteilungsleiter ist die Chefetage als übergeordnetes Organ vorgesetzt, und über allen steht dann der große Boss, der Firmeninhaber persönlich. So ungefähr ist das bei unseren Hunden auch. Die Rangordnungsphase hat vor allem zwei

Genau wie es in einer menschlichen Großsippe altersbedingt hierarchische Strukturen gibt, so gibt es diese analog bei unseren Hunden. Diese Rudelordnungsstruktur gliedert sich intern wiederum in Unterstrukturen auf.

1 Auf den 3 nebenstehenden Bildern fordert ein Junghund (rechts) den Welpen zu einem Laufspiel auf. Charakteristisch hierfür sind die leicht gewölbte Rückenkruppe und die locker an die Hinterläufe herangezogene Rute des Junghundes.

2 »Na, kommst du auch mit?« scheint sich der Junghund vergewissern zu wollen.

3 Natürlich will er – und schon trollen sie los zu gemeinsamen Unternehmungen. Das ist sehr wichtig für eine gesund soziale Entwicklung des Welpen.

elementare Motive. Das erste ist eine weitere Selektion im Junghundrudel auf Erbdefekte oder gesundheitliche Schäden. Durch die eigene hierarchische Struktur, die sich, wie bereits erwähnt, in diesem »Unterrudel« entwickelt und die sich vor allem beim Fressen bemerkbar macht, würde auch hier wieder ein geschädigter oder kranker Hund aussondiert. Der zweite – für mich viel wichtigere – Punkt ist das Einüben des spielerischen Kräftemessens (Kommentkampf). Wir haben ja bereits erwähnt, dass das Spiel das A und O in der Hundeerziehung ist und dass sich die heranwachsenden Welpen ab der 8. Woche in Fang- und Raufspielen so richtig austoben und dabei ihre Kräfte und Ausdauer messen können müssen.

Mit Beginn der Rangordnungsphase kann man nun bei gewachsenen Rudeln feststellen, dass diese Spiele eine etwas »aggressivere Note« bekommen. Gemeint ist natürlich keine echte Aggressivität, sondern vielmehr, dass man sich im Kommentkampfspiel einfach nicht mehr so leicht von einem Vorhaben abbringen lässt. Dabei wird die gesamte Palette der bisher erlernten motorischen Fähigkeiten und Mittel der »psychologischen Kriegsführung« angewendet, angefangen von der Rangelei und Anpöbelei bis hin zur absoluten »Mutprobe«. In einer guten Hundeschule, wo man wirklich nur Junghunde dieser Altersklasse zusammen spielen lässt, kann man dies sehr gut beobachten.

Dem genauen Beobachter wird noch etwas weiteres auffallen: Bei diesen Spielen tut sich meist eine Gruppe zusammen, um sich einen »Gegner« vorzuknöpfen. Ein Junghund aus dieser Gruppe mimt den Gegner, indem er sich ein Beutestück schnappt und damit ein geeignetes Versteck sucht. Die anderen versuchen ihn daraufhin daraus zu vertreiben, um ihm die Beute abzujagen. Lauthals wird der Gegner dabei angebellt und angeknurrt, unter heftigem Drohschnappen und Luft-Beiß-Attacken. Aber niemals sind wirkliche Gewalt oder gar echtes Beißen im Spiel.

Es gibt dann zwei Möglichkeiten, wie sich der vermeintliche Gegner entscheidet: Entweder er lässt sich durch die »Übermacht« so verunsichern, dass er kleinlaut sein Versteck verlässt und seine Verfolger gewonnen haben. Oder er hat genügend psychische Stabilität, sodass ihm die Attacken nichts ausmachen. Im Gegenteil, er antwortet ebenfalls mit Beißdrohungen und erwidert die Einschüchterungsversuche. Hält er lange genug durch, wird das Spiel von der Gruppe abgebrochen, und er hat die Probe bestanden.

Da wir diese Art zu »spielen« in der Rangordnungsphase sehr oft beobachten können, liegt hier der Schluss nahe, dass in diesem Entwicklungsabschnitt nicht die Aggressivität ins Spiel kommt, sondern dass es vielmehr um die Erprobung der psychischen Widerstandskraft geht. Was dann in der Selektion für das Rudeloberhaupt eine logische Weiterentwicklung findet, denn nicht das größte und stärkste Tier wird einmal diese Stellung einnehmen, sondern eines, das physisch und psychisch die Nase vorn hat.

Mentale Stärke und die Erfahrung des Älteren sind also entscheidend im Erziehungssystem unserer Hunde. Besonders gut zu sehen ist das, wenn der Vaterrüde selbst mit in das

In einem Mensch-Hund-Rudel sollten wir die Rolle des Althundes übernehmen. Denn nur so bekommen wir den nötigen Respekt, der für einen geistigen Autoritätsaufbau so elementar wichtig ist.

Spiel eingreift. Die Junghunde respektieren ihren Alten in dieser Phase schon in allen Belangen. Und das hat nichts mit körperlicher Überlegenheit zu tun, wie man meinen könnte. Nein, diese haben die Welpen bereits ab der 8. Lebenswoche erfahren, wo ihre geistige Einsichtsfähigkeit noch nicht so ausgeprägt war wie in der Rangordnungsphase. Dort setzte es schon mal »Hiebe« vom Vaterrüden, indem er sie disziplinierte und am Nacken packte, wenn sie ein Tabu übertreten hatten. Jetzt reagieren seine Schützlinge bereits auf einen schiefen Blick oder Grollton, um das Spiel etc. abzubrechen, wenn es der Vaterrüde wünscht.

Eine kleine Zwischenfrage: Wie sieht's nun eigentlich in unserem Mensch-Hund-Rudel aus? Läuft dort alles nach oben genanntem Erziehungsplan? Hat unser Junghund seinen Menschen schon ohne Wenn und Aber akzeptiert? Wenn ja, wird rasch deutlich, wie sehr dies unseren Junghund befriedigt. Er ist wirklich stolz darauf, einen solchen Vater zu haben, auch einen menschlichen auf 2 Beinen, und der kann genauso gut weiblich sein! Er wird uns, wie im Rudel, immer wieder seine Gefolgschaft mit Huldigungen zeigen wollen. Bitte gestatten Sie Ihrem Hund dies ab und an mal richtig, und weisen Sie ihn nicht ab! Legen Sie sich zu ihm auf den Boden und lassen die Zunge Ihres Junghundes an Ihrem Gesicht und Körper dieses Zugehörigkeitsritual durchführen. Dann ist alles in bester Ordnung.

Verwechseln Sie dieses Verhalten Ihres Hundes nicht mit Unterwürfigkeit, auch wenn dies in diversen Hundebüchern – leider falsch! – so beschrieben ist. Er erweist Ihnen damit nur seine »Gefolgschaftstreue«. Konrad Lorenz kreierte einmal diesen schönen Begriff, eine bessere Bezeichnung dafür fällt mir nicht ein. Diese Anhänglichkeitsbezeugung ist der Ausdruck dafür, dass Sie und Ihr Hund eine gute Beziehungsbasis haben und darauf weiter aufbauen können.

Die Gefolgschaftstreue mit ihrem Zugehörigkeitsritual führt außerdem dazu, dass im Rudel keine »Generationenkonflikte« auftreten, wie wir sie aus menschlichen Familien kennen. Keinem Junghund würde es auch nur im Traum einfallen, auf die Barrikaden zu gehen und den Revoluzzer zu spielen. Durch die natürliche Autorität der Althunde haben sie alles, was sie für eine gesunde Entwicklung brauchen: die Sicherheit, immer gut behütet zu sein, mit klaren Strukturen und Grenzen, innerhalb deren sie sich aber auch frei bewegen und entfalten können.

Deswegen ist es für uns Hundebesitzer so wichtig, die Entwicklungsphase der Rangordnung positiv für uns zu nutzen. Geschieht dies in dem Sinne, wie unser Hund es von Natur aus erwartet, erkennt er unsere geistige und emotionale Autorität immer mehr und besser an. Für ihn ist in diesem Rudel alles in Ordnung, und alles geht mit rechten Dingen zu. Er ordnet sich gern und freiwillig unter – ohne dass wir sinnlose »Unterordnungsübungen« auf dem Hundeplatz machen müssten. Bestärkt durch das gemeinsame Spiel mit seinem menschlichen Hundepapa, bei dem es in dieser Phase nicht mehr vornehmlich um die Erprobung des eigenen Könnens, sondern vielmehr um soziale Kommunikationsformen geht, wird er seine »Unterordnung«, seine Gefolgschaftstreue, immer mehr zeigen. Das freiwillige und freudige Spiel mit uns wird bis ins hohe Erwachsenenalter des Hundes eine wichtige soziale und partnerschaftliche Komponente unserer Beziehung bleiben. Die gegenseitige Versicherung »Wir gehören zusammen!« ist die grundlegende Motivation dafür.

Ab der 13. Lebenswoche beginnt die Rangordnungsphase bei Junghunden. Im Rudel unternehmen sie vermehrt kleinere Ausflüge in die nähere Umgebung. Bei Zerr-, Lauf- und Beutespielen sollten die Rollen jetzt regelmäßig getauscht werden.

Auf, auf zum fröhlichen Jagen! Die Rudelordnungsphase

Kommen wir zu dem Entwicklungsabschnitt, der sich unmittelbar an die Rangordnungsphase anschließt. Dieser wird als Rudelordnungsphase bezeichnet und liegt ungefähr zwischen der 20. und 28. Lebenswoche des Junghundes. Hier gibt es geringe zeitliche Abweichungen, abhängig von der Größe des ausgewachsenen Hundes, denn kleinere Hunde und Rassen entwickeln sich etwas schneller.

In diesem Zeitraum stabilisiert sich das soziale Gefüge im gesamten Rudel. Die Junghunde werden zu vollwertigen Jagdrudelmitgliedern. Bei Wildhunden und Wölfen fällt diese Zeit in den Herbst: In manchen Regionen des Nordens wird es schon Winter, die potenziellen Beutetiere in diesen Regionen ziehen Richtung Süden, und die Wildhunde und Wölfe müssen ihnen folgen. Wäre das Rudelsystem jetzt noch nicht intakt, würde dies den sicheren Tod bedeuten. So wird uns sehr schnell und eindringlich klar, warum es Rudelordnungsphase heißt.

Die Rudelordnungsphase

Sie beginnt etwa mit der 20. Lebenswoche des Hundes. Bis zu diesem Zeitpunkt sollte bei Ihnen im Mensch-Hund-Rudel schon klar geregelt sein, wer das Rudeloberhaupt ist.

Nur mit einer funktionierenden Rudelgemeinschaft, in der die Regeln und Hierarchien klar sind, können Beutestreifzüge erfolgreich abgeschlossen werden. Würde man jetzt erst anfangen, die Junghunde zu erziehen, wäre es dafür in der Natur viel zu spät.

Doch was macht der Mensch in diesem Alter mit seinem Hund? So mancher Junghund bekommt hier zum ersten Mal einen Hundeplatz oder eine Hundeschule zu Gesicht. Und so richtig »gearbeitet« wird trotz alledem noch nicht mit ihm. Er ist ja fast noch ein Welpe ...

Ganz anders im richtigen Rudel. Dort sind inzwischen bereits alle elementaren Erziehungsmaßnahmen abgeschlossen. Die Junghunde lernen durch die gemeinsame Jagd, weiterhin auf die Erfahrung der Althunde zu bauen. Die Jagderfolge zeigen ihnen, dass Zusammenarbeit immer produktiv ist, und verstärken ihre Gefolgschaftstreue gegenüber den Althunden. Durch diese Erkenntnis in der Rudelordnungsphase werden die Junghunde noch mehr an das Rudel geschweißt, und das soziale Band wird immer mehr gefestigt. Außerdem wird durch die Erfahrung des gemeinsamen Jagderfolges das Individuum in der Gruppe mehr geachtet. Denn jeder hat dabei seine spezielle Aufgabe, und nur durch ein zuverlässiges Zusammenspiel aller an der Jagd Beteiligten ist der Erfolg garantiert.

Um diese Rudelordnungsphase für uns als Hundehalter positiv zu nutzen, brauchen wir natürlich nicht auf die Jagd zu gehen. Wichtig

1 In der Rudelordnungsphase werden nicht nur die Lauf- und Jagdspiele immer wilder, sondern auch der Expansionstrieb unseres Hundes erwacht!

2 Hintergrund ist, dass es in dieser Lebensphase im Wolfsrudel sowohl zu Zügen in andere Regionen kommt, die Jungwölfe aber auch gleichzeitig ihre ersten Beutestreifzüge unternehmen.

3 Die Spiele sind zwar immer noch heftig, die Erziehung ist aber weitgehend abgeschlossen und jeder sollte seinen Platz im Rudel kennen.

Wir sollten unserem Hund in dieser Entwicklungsphase ausreichend Möglichkeiten zu sportlicher Betätigung und für Suchspiele jeglicher Art geben. Das stärkt das gemeinschaftliche Band.

in dieser Phase ist nur die **Zusammenarbeit** mit unserem Hund, die unser Mensch-Hund-Rudel auf gleiche Weise stärkt. Ob wir das gemeinsame Joggen unterbrechen, indem wir eine Fährte suchen und daraufhin ein Laufspiel mit ihm anfangen, oder ob wir die gemeinsame Radtour mit einem Versteckspiel unterbrechen – der Fantasie sind keinerlei Grenzen gesetzt.

Bei der Fährte können wir uns unter zwei Möglichkeiten entscheiden. Die erste Option wäre die Freisuche. Das heißt konkret, wir verstecken unserem Hund zum Beispiel sein Lieblingsspielzeug. Er bleibt derweilen im »Sitz«, bis wir ihn auffordern, die Suche zu beginnen.

Die zweite Möglichkeit ist, eine sogenannte Eigenfährte zu legen. In diesem Fall sucht unser Hund nur auf der Spur, die wir zuvor gegangen sind, um sein Spielzeug zu finden.

Die Rudelordnungsphase ist der richtige Zeitpunkt, all die Aktivitäten auszubauen, die wir schon mit dem Welpen begonnen haben. Er befindet sich in einem Stadium, wo ihn alles Neue und Unbekannte brennend interessiert. Nützen wir diese Lernphase bei unserem Junghund nicht, so verkümmern wertvolle Anlagen. In diesem Lebensabschnitt will der Hund unbedingt von uns »Althunden« lernen, er will seinen Wissensdurst mit uns gemeinsam stillen und seine bereits vorhanden Fähigkeit weiter verbessern und verfeinern. Lassen wir diese Möglichkeiten brachliegen, indem wir antiquierte Ratschläge befolgen wie: »vor seinem 1. Lebensjahr braucht der Hund gar nichts arbeiten«, führt dies unweigerlich zu Problemen.

Ein sehr wichtiger Aspekt dieser Phase für unser Mensch-Hund-Rudel ist aber noch ein ganz anderer. In der Rudelordnungsphase geht es in freier Wildbahn auch darum, sich durch das Jagen expansiv zu betätigen. Da der Junghund nicht »wild« lebt, also unter seinesgleichen, sondern bei uns Menschen in einer urbanen und zivilisierten Welt, gibt es einen gravierenden Unterschied: Wir können und dürfen unserem Haushund die Expansion nicht in dem Maße erlauben, wie dies im freien Rudel der Fall wäre! Diesen Umstand gilt es in dieser Entwicklungsphase ganz besonders zu beachten.

Und noch zwei weitere interessante Punkte werden auch spätestens jetzt klar: Der erste ist, dass wir für unseren Hund zeitlebens der Elternteil bleiben werden, denn da er seine Jagdpassion ja nicht ausleben darf, ist er von der Fütterung durch uns abhängig. Zum anderen bleiben wir im übertragenen Sinne in der Rudelordnungsphase stecken, da er immer an unserer Seite leben wird, also kein eigenes Rudel gründet und sich damit ein eigenes Jagdterritorium sucht, wie er es in freier Wildbahn täte.

Der Junghund will also von uns Chefs seine Stellung gezeigt bekommen. Er will zu seinem Menschen, zu seinem Hundechef, aufschauen können, weil der in seinen Augen eine echte Autorität ist. Er benötigt keinen Tyrannen oder »Hundeführer«, sondern einen menschlichen Hundepapa, der ihm die nötige Sicherheit und geistige Führung gibt. Verhaltensbiologisch ausgedrückt, erwartet der Junghund einen Leitwolf, der ihm durch seine physische wie psychische Überlegenheit seine Stellung im Rudel zuweist. Leistet der menschliche Leitwolf dies nicht oder nur ungenügend, so geht der Junghund auf die Barrikaden. Denn wo kein Rudelchef vorhanden ist, da muss ein klar denkender und instinktsicherer Hund diese Stellung selbst einnehmen. Dann hat unser Hund zu Hause und beim Gassigehen das Sagen, und uns bleibt dann nur noch eine untergeordnete Position als sein Büchsenöffner.

In der Rudelordnungsphase fällt spätestens die Entscheidung, wer der Chef bei Ihnen ist und wer wem folgt. Sie Ihrem Hund oder Ihr Hund Ihnen? Auch beim Spiel mit mehreren Partnern stellt sich rasch eine entsprechende Hierarchie ein.

Jetzt geht's rund! Die Pubertätsphase

An die Rudelordnungsphase schließt sich die Pubertäts- oder Expansionsphase an. Die Pubertät muss nicht unbedingt unmittelbar mit Anfang des 7. Lebensmonats des Hundes beginnen. Hier gibt es zeitliche Unterschiede, die vor allem von der Größe der Hunderasse abhängen. Bei einigen unserer Haushunde oder Rassehunde, überwiegend bei den kleinen Rassen, ist die erste richtige Läufigkeit der Weibchen bzw. das »Beinchenheben«, das beim Rüden die Geschlechtsreife anzeigt, bereits mit 7 Monaten zu sehen. Dies entspricht aber nicht der Regel, im Durchschnitt tritt die Pubertät mit dem 9. Monat ein. Sie dauert nicht sehr lange an, oftmals nur 1 Monat, und in dieser Zeit entwickelt sich unser Junghund zu einem geschlechtsreifen und somit erwachsenen Tier. Wie dies auch bei uns Menschen in der Pubertät der Fall ist, spielen bei unserem Hund die Hormone da gerne einmal verrückt. Und dies führt, genauso wie bei menschlichen Pubertierenden, zu manch seltsamem Verhalten.

Wenn dieser 11 Wochen alte Welpe alles Wichtige lernt, wird er Ihnen in der späteren Pubertätsphase keine Probleme machen.

Bei unserem Hund äußert sich das, indem er auf einmal den Eindruck erweckt, noch nie auch nur das Geringste von uns gelernt zu haben. Klappte aufgrund des richtigen Umgangs mit unserem Hund vorher alles, gibt es nun auf einmal auffällige Unstimmigkeiten. Unser Hund tut von einem auf den anderen Tag so, als hätte er alles vergessen. Nicht nur, dass er nicht mehr »weiß«, wie er heißt, nein, auch all die anderen bekannten Kommandos stoßen auf scheinbar taube Ohren!

Beispiele: Der Hund geht vom »Sitz« als Provokation sofort in das »Platz«, um auszutesten, wie beständig bzw. gefestigt das Rudel wirklich ist. Oder wir verstecken sein Spielzeug, der Hund soll es suchen, interessiert sich aber für völlig andere Dinge. Auch damit will er unsere Reaktion austesten.

Im Anschluss an die Rudelordnungsphase beginnt die Pubertätsphase. Und damit Sie ab dieser nicht ständig mit angeleintem Hund »Gassi« gehen müssen, sollten Sie von Anfang an eine artgerechte Er- und Beziehung zu Ihrem Zögling aufbauen.

Hier müssen dann unbedingt die 4 Eckpfeiler der artgerechten Be- und Erziehung greifen, wie sie weiter vorn beschrieben wurden:

- wohlwollende Konsequenz,
- (erzieherische) Tabuisierung,
- artgerechte Disziplinierung,
- erzieherisches Spiel.

Noch ein anderes unerwünschtes Verhalten tritt vorzugsweise während der Pubertät erstmals auf. Hundebesitzer berichten meist unter großem Seufzen davon: Mein Hund fängt an zu streunen! Dazu Folgendes: Auch wenn viele »Hundekenner« behaupten, dass das Streunen bei manchen Hunderassen »angeboren« sei, wissen wir, dass das nicht stimmt, denn eine erworbene Eigenschaft kann nicht vererbt werden. Es ist vielmehr so, dass sein Mensch schlichtweg versagt hat. Ein solcher Hund hat mangels Führung nie die so wichtige Gefolgschaftstreue entwickeln können. Da er in dieser Hinsicht kein Vorbild hat, nutzt er dann die Zeit, in der im Hunderudel die Jagdexpansion stattfinden würde, zu Ausflügen in die nähere und weitere Umgebung und wird im schlimmsten Fall zu einem notorischen Streuner. Er ist ganz einfach enttäuscht von seinem Menschen und hält die eigene Expansion nun für wichtiger als die Treue zu seinem angestammten Rudel. Im Übrigen gibt es da wieder eine Parallele zu pubertierenden Menschenkindern – auch sie gehen gerne »streunen«, wenn ihr familiäres Umfeld nicht stimmt: Wir nennen sie »Ausreißer«.

Ja, und dann läuten beim Hundebesitzer die Alarmglocken: Da muss man sofort etwas dagegen unternehmen. Der Hund braucht eine

Nicht nur ein »Reizstromgerät«, besser bekannt als »Tele-Takt«, stellt die charakterlich ultimative Bankrotterklärung eines Hundehalters dar, sondern auch etliche andere Hilfsmittel oder »Bestechungsgelder«, beispielsweise Clicker, Haltis oder Leckerli!

Ausbildung! Man wendet sich an eine Hundeschule und fängt an, ihn durch die Mangel zu drehen. Man doktert am Symptom des Streunens herum, ohne den wahren Hintergrund des Problems zu erkennen. Kluge Hunde gehen dann ganz auf die Barrikaden, denn auch die beste Ausbildung ersetzt nun mal keine artgerechte Er- und Beziehung. Daraufhin greift der schlaue Hundeausbilder zu seinem einfallsreichen Instrumentarium, und früher oder später landet man dann beim »Teletakt-Gerät«, auch verniedlichend »Reizstromgerät« genannt. Das klingt so nach »Therapie« und erweckt Vertrauen ... und ist doch der beste Beweis, dass ein Hundetrainer, der es gebraucht, mit Sicherheit nichts von Hunden versteht! Übrigens ist der Einsatz dieses Gerätes neuerdings strafbar.

Nein, hier hilft nur eine komplette Rudelumstellung, damit das unsichtbare und unverzichtbare Band der Gefolgschaftstreue entstehen kann. Das bedeutet, alles bis dorthin falsch Gemachte völlig zu löschen und durch eine artgerechte Er- und Beziehung zu ersetzen, wie sie in diesem Buch beschrieben wird. Und am besten haben wir dieses Band natürlich schon vom ersten Tag an geknüpft, indem wir unseren Hund wie einen Hund behandelt haben, ohne ihn zu vermenschlichen oder zu instrumentalisieren.

Zum besseren Verständnis einige typische Beispiele dafür, was alles in der Hundeerziehung falsch laufen kann. Das fängt mit ganz simplen Dingen an, die da wären:

- Wo schläft der Hund? (vgl. S. 35f.)
- Wie oft bekommt er sein Futter oder steht es womöglich immer zur freien Verfügung des Hundes? (vgl. S. 40f.)
- Wer beginnt und beendet das Spiel? Sind das wirklich immer wir – oder doch der Hund?
- Ziehen alle menschlichen Rudelmitglieder wirklich immer an einem Strang – oder fällt des Öfteren bei jemandem mal ein Stück Wurst unter den Tisch? Damit meine ich, ob wirklich **jedes** menschliche Rudelmitglied die nötige wohlwollende Konsequenz, Tabuisierung und Disziplinierung an den Tag legt!

Diese Beispiele charakterisieren nur die wichtigsten Dinge. Die konsequente Umsetzung vieler solcher – aus unserer Sicht – Kleinigkeiten gehört zu einer kompletten

Rudelumstellung. Doch machen wir mit unserem Welpen von Anfang an alles richtig, so wie es im Buch beschrieben ist, müssen wir uns mit einer Rudelumstellung sowieso nicht befassen.

Gefolgschaftstreue heißt aber noch etwas mehr: Ist dieses Band einmal geknüpft, wird unser Hund niemals einen anderen Bund eingehen als mit uns. Er wird nicht die Fahne wechseln, denn er weiß ja: In unserem Rudel ist alles in bester Ordnung. So haben wir einen Freund fürs Leben gefunden, auch wenn seines leider immer zu kurz ist. Man wird beobachten können, wie alles fast von alleine läuft und sich im Laufe der Zeit immer mehr einspielt: Hund und Mensch – ein perfektes Team!

Mein Rat

Nicht nachgeben! Die konsequente und wohlwollende Umsetzung der vier Eckpfeiler des Beziehungstrainings verhilft Ihnen zu der »unsichtbaren Leine« mit Ihrem Hund.

Die engen Bande zwischen Hund und Mensch halten ein ganzes Leben lang.

Praktische Tipps – mit etwas Theorie

Es gibt eine Menge Dinge, die Sie aktiv tun können, damit die Beziehung zu Ihrem Hund harmonisch und für beide Teile glücklich verläuft. Das fängt an mit der Basisübung »Sitz« und geht hin bis zu artgerechten Verhaltensmaßnahmen, durch die der Hund lernt, sich sozial angemessen zu verhalten. Neben Tipps zur Erziehung und zum aufmerksamen Beobachten erfahren Sie in diesem Kapitel auch interessantes Neues aus der Hundeforschung.

Basistraining: die Konzentrationsübung »Sitz«

Als Ergänzung möchte ich Ihnen jetzt noch eine gute Konzentrationsübung vorstellen, die Sie in allen Phasen mit Ihrem Hund durchführen können – und zwar von Anfang an, also auch schon mit 8 Wochen! –, nämlich »Sitz«. Ich werde sie etwas ausführlicher beschreiben, da ich sie für sehr wichtig halte. Ich beschränke mich dabei auf die Basisübung, die Abwandlungen finden Sie eingehend in meinem Buch »Das Rudelkonzept«. Wahrscheinlich werden Sie denken: Was hat eine auf den ersten Blick so stumpfsinnige Übung wie »Sitz« mit einer artgerechten Erziehung zu tun? Und warum wird sie sogar als Basisübung bezeichnet? Das lässt sich ganz einfach verhaltensbiologisch erklären: In den ersten 3 Wochen liegt die Mutterhündin beim Säugen ihrer Welpen auf der Seite, aber ca. ab der 3. Lebenswoche beginnt sie sich dazu immer mehr aufrecht hinzustellen. Die Welpen müssen darauf reagieren und sich von da an zum Trinken aufsetzen, sich also in die Position »Sitz« begeben. So versuchen sie nun, mit ihrem Mäulchen an eine der Zitzen zu kommen. Haben sie eine gefunden, saugen sie schmatzend daran und treten mit einer der Vorderpfoten in Richtung Bauch und Zitzen der Mutter. Dieser sogenannte Milchtritt hat den Sinn, den Milchfluss der Mutter anzuregen. Daraus entwickelt sich übrigens später das »Pfotegeben«.

Ihr Welpe muss Ihnen gehorchen. Ein gutes Training ist die Konzentrationsübung »Sitz«. Diese Position nehmen Welpen automatisch ein, wenn sie auf das Säugen warten. Nutzen Sie diese Disposition für Ihr Training.

Also begibt sich der Welpe in die Position »Sitz«, wenn er Futter erwartet. Das Gleiche tut jeder Hund, ob jung oder alt, wenn wir so eine Erwartungshaltung bei ihm wecken. Und genau diese biologische Grundregel nutzen wir für unsere Konzentrationsübung »Sitz«. Bleibt noch die Frage, warum Konzentrations-

übung? Wie gesagt ist es ziemlich leicht, einen Hund in die Position »Sitz« zu bringen. Sehr schwierig jedoch ist, den Hund, ohne dass er Futter bekommt, einige Zeit sitzen zu lassen, noch dazu in einer angemessenen Distanz zu uns! Kaum hat der Hund das Leckerli bekommen, ist er auch schon aus dem »Sitz« aufgestanden und wieder unterwegs. Gleiches geschieht, wenn er nicht sofort sein Leckerli bekommt. Diese Reaktion kommt natürlich nicht von ungefähr. Da das Hinsetzen auf Futtererwerb ausgerichtet ist, ist auch die ganze Konzentration damit verbunden. Bekommt der Hund das Leckerli nicht, will er sich so schnell wie möglich aus dieser für ihn anstrengenden Position entfernen. Das kann auch heißen, dass er nicht weggeht, sondern sich hinlegt. Auch so entlastet er sich psychisch von der vorhergehenden Erwartungshaltung.
Schauen wir uns also die Durchführung der Konzentrationsübung »Sitz« als Basis einer artgerechten Erziehung einmal in der Praxis an.

Die Konzentrationsübung »Sitz« im Einzelnen

- Sie rufen Ihren Hund zu sich. Sollte er das Wort dafür noch nicht 100%ig kennen, helfen Sie mit der Körpersprache nach, die er versteht: Sie knien sich hin. Kurz bevor Ihr Welpe bei Ihnen ist, stehen Sie jedoch wieder auf und machen sich somit dominant. Ihr Welpe wird sich daraufhin fast immer automatisch in die Position »Sitz« begeben.

Ein Hund, der von Anfang an Sicherheit über eine artgerechte Er- und Beziehung erfahren hat, kommt mit jeglicher Umweltsituation zurecht. Auch knatternde Mopeds können ihn dann nicht erschrecken.

Basistraining: die Konzentrationsübung »Sitz«

1 Rufen Sie Ihren Hund mit dem Wort zum Herkommen zu sich.

2 Sagen Sie »Sitz« mit aufrechter Körperhaltung zu Ihrem Hund.

3 Gehen Sie dann dominant rückwärts nach hinten weg, sodass Sie Ihren Hund immer dabei anschauen.

4 Drehen Sie sich beim Rückwärtsgehen nicht um; dies wäre das Körpersignal zum Folgen.

5 Ihr Hund muss Sie dabei jedoch nicht immer anschauen; es reicht, wenn er sitzen bleibt.

6 Nach ein paar Schritten rückwärts in die Distanz bleiben Sie stehen.

Basistraining: die Konzentrationsübung »Sitz«

7

8

7 Zur Festigung der Übung gehen Sie mehrfach zum Hund zurück, um darauf gleich wieder wegzugehen.

8 Kurz vor dem Ende der Übung gehen Sie auf den Welpen zu, bleiben kurz vor ihm stehen und warten.

9

10

9 Danach lösen Sie die Konzentrationsübung »Sitz« mit einem vorher bestimmten Wort auf ...

10 ... und fangen ein Zerr- und Beutespiel mit ihm an.

11

12

11 Wenn das Spiel dann am schönsten ist, brechen Sie es mit einem Kommando ab und gehen einfach weg.

12 Behalten Sie Ihr Spielzeug dabei in der Hand. Ihr Hund sollte folgen, ohne weiter spielen zu wollen.

Aufmerksamkeit

In der Konzentrationsübung »Sitz« sind alle Basisregeln für einen emotionalen und geistigen Autoritätsaufbau enthalten.

- Zur Unterstützung können Sie etwas Futter in die Hand nehmen. Die Hände bleiben aber geschlossen vor Ihrem Körper. Spätestens dann setzt sich Ihr Welpe hin.
- Sie sagen leise »Sitz« und gehen ein paar Schritte rückwärts, weg von ihm, halten dabei jedoch Sichtkontakt, drehen sich also **nicht um**. In diesem Anfangsstadium sollten es ca. 3–6 Schritte sein, mehr nicht. Die Distanz ist nicht so wichtig, nur **dass** sie weggehen können, ohne dass Ihr Welpe aufsteht und Ihnen folgen will.
- Das Wichtigste ist, dass Ihr Hund sitzen bleibt, obwohl Sie weggehen und obwohl er kein Futter bekommt. Tut er dies, hat er nämlich den grundlegenden Schritt schon geschafft und seine Konzentration auf Sie statt auf das Futter gerichtet.
- Bei manchen Welpen ist es in diesem Anfangsstadium notwendig, ab und an wieder langsam zu ihm zurückzugehen, damit er seine Aufmerksamkeit aufrechterhalten kann. Bleiben Sie dabei aber nicht lange bei ihm stehen, sondern gehen Sie sofort wieder nach hinten, und sagen Sie dabei wieder leise »Sitz«. So können Sie unmerklich die Entfernung vergrößern.
- Bitte geben Sie Ihrem Welpen **niemals Futter**, denn er soll ja seine Konzentration auf Sie richten, auf den neuen »Hundepapa«!
- Hat Ihr Welpe die Konzentrationsübung »Sitz« ausgeführt, indem er sitzen geblieben ist und seine Aufmerksamkeit auf Sie gerichtet hat, lösen Sie diese Übung auf. Dazu gehen Sie wieder langsam zu Ihrem Hund hin und bleiben kurz vor ihm stehen. Warten Sie noch eine Weile und bieten Sie ihm dann ein Laufspiel an. Bleiben Sie also nicht einfach stehen und streicheln ihn ausgiebig, sondern lösen Sie die Übung mit dem dafür vorgesehenen Wort, beispielsweise »Aus« oder »Frei«, auf und tollen Sie danach mit ihm umher.
- Wechseln Sie dabei immer wieder die Richtung, so haben Sie ganz spielerisch schon wieder einen artgerechten Er- und Beziehungsaspekt eingebaut.
- Wenn das Spiel am schönsten ist, brechen Sie es ab, indem Sie sich von Ihrem Welpen wegdrehen und in eine andere Richtung gehen.
- Daraufhin wird der Welpe automatisch mit Ihnen mitgehen. So haben Sie – erneut rein spielerisch – seine freiwillige Gefolgschaftstreue erreicht.
- Später einmal können Sie hier dann wieder eine Konzentrationsübung folgen lassen.

Mit dieser Übung haben Sie spielerisch alle möglichen wichtigen Erziehungsziele vereint und gleichzeitig Ihre geistige Autorität dem Welpen gegenüber gefestigt.

Und weil – ich kann es nicht oft genug betonen – diese Autoritätsbindung für unseren Hund so elementar wichtig ist, dazu noch ein kleiner theoretischer Exkurs.

Die Erfahrung der Älteren – eine uralte Überlebensstrategie

Bei allen höheren Säugetieren – zu denen auch der Hund und wir Menschen gehören – hat sich die Überlebensstrategie bewährt, auf die Erfahrung und Lebensweisheit der Älteren zu hören und danach zu handeln. Das heißt auch, dass man erst dann etwas kritisiert, wenn man selbst als Individuum genügend Erfahrung und Wissen gesammelt hat. Nur so kann biologisch sinnvolles Wissen effektiv vermittelt werden. Ein biologischer Fortschritt findet statt, wenn das angestammte und tradierte Wissen mit individuellen Erfahrungen kombiniert und erweitert wird. So gelangte auch der Mensch von der Steinzeit in das Atomzeitalter. Na ja, nicht jeder Fortschritt muss ein Fortschritt sein ...

Im Laufe seiner Entwicklungsgeschichte war der Stammvater unserer Hunde, der Wolf, gezwungen, sich an teilweise drastisch veränderte Umweltsituationen anzupassen. Andere Tierarten, die erbgenetisch und somit instinktmäßig stärker vorprogrammiert waren, haben dies nicht getan und starben aus. Für das Überleben durch Anpassung an verschiedene Umweltsituationen aber ist die Autoritätsbindung unverzichtbar. Die Erfahrung der Erfahrenen hilft allen, mit neuen Anforderungen fertig zu werden. Und um diese dankbar annehmen zu können, sind Lernbereitschaft und Lernfreude nötig. Nur so kann ein derart hoch sozialer Familienverband entstehen wie bei den Hunden oder bei uns Menschen.

Von den Elterntieren lernen unsere Welpen, was für das Leben in freier Wildbahn überlebenswichtig ist. Der Schnauzengriff ist keine Disziplinierungsmaßnahme, sondern eine Zärtlichkeits- und Vertrauensgeste vonseiten des Althundes.

Die Erfahrung des Erfahrenen kann nur durch möglichst häufigen Umgang mit anderen Hunden an die jeweils Jüngeren weitergegeben werden! Eine uralte Lebensstrategie.

Nur wenn wir unserem Hund die Erfahrung des Erfahrenen bieten, wird er uns blind vertrauen. Nur wenn er uns als Vorbild in seinem Sinne akzeptieren kann, werden wir eine harmonische Beziehung zu ihm bekommen. Nur wenn wir einen klar definierten Erziehungsrahmen haben, kann sich unser Junghund darin frei entfalten. Noch einmal und immer wieder: Wer Probleme mit seinem Hund hat, der hat entweder in den ersten Wochen des Miteinanders im Sinne seines Hundes versagt oder den Hund in einem späteren Alter übernommen!
Und, wie schon erwähnt, diesem menschlichen Versagen dann mit Gewalt oder Despotismus zu begegnen ist zwar wiederum sehr »menschlich«, macht jedoch garantiert nichts besser.

Manch einer verfällt freilich auch ins andere Extrem und behauptet, dass ein antiautoritärer Erziehungsstil die einzige Lösung sei. Dazu stellen wir uns jetzt einmal Folgendes vor: Ein Wolf zieht durch das Land wie der Rattenfänger von Hameln und erzählt allen Welpen der dort lebenden Wolfsrudel, dass es vollkommener Blödsinn sei, auf die Erfahrung der Althunde zu hören. Und stellen wir uns weiter vor, die Welpen würden ihm Glauben schenken. Also pfeifen sie auf die Autorität, auf die Erfahrungswerte der Althunde und nehmen das Abenteuer des Lebens und der Umwelterkundung selbst in die Pfote. Zweifelsohne würden sie vieles erkunden und erfahren da draußen in der weiten Welt. Jeder etwas anderes, da es ja keine »genormte Erziehung« gibt. So muss der eine Welpe feststellen, dass die Schlange, mit der er gerade spielen wollte, giftig ist, und stirbt leider kurz nach ihrem Biss. Der andere erlebt gerade noch, dass die Pilze komisch schmecken, bevor der Versuch den gleichen tragischen Ausgang nimmt wie bei seinem Bruder. Und der Letzte im Bunde erfährt am eigenen Leib, dass die Hufe eines Wildpferdes genauso tödlich sein können wie giftige Pilze und Schlangen. Tja, und nun gibt es keine Welpen mehr.

Wenn das eine gute Erziehungsstrategie sein soll, dann muss ich mir ernsthaft die Frage stellen: »Wie kommt es nur, dass ich hier einen Welpen vor mir habe?« Auf diese Weise wären die Vorfahren unserer Haushunde nämlich schon längst ausgestorben. Dann wäre jede elementare Erfahrung eines Wolfswelpen zugleich auch seine letzte. Wie also kann man so eine Population am Leben erhalten und sich auch noch erfolgreich fortpflanzen?

In der Realität des Wolfsrudels ist das kein großes Problem. Wenn sich ein Welpe für das Experiment mit dem giftigen Pilz entscheiden sollte, hätte der Vaterrüde entschieden etwas dagegen. Er würde den Kleinen erst einmal mit einem Warnniesen darauf aufmerksam machen, dass dieses Vorhaben nicht in seinem Sinne ist. Missachtet der Welpe dies, so würde er ihn unverzüglich packen und ihn zurechtweisen. So lernt der Welpe spätestens in diesem Moment, dass das gefährliche Ding tabu ist, und wird sich zu seinem eigenen Wohl fortan dran halten.

Eine solche Erziehung mag auf viele Menschen mittelalterlich und repressiv wirken. Doch nur ein Rahmen, der durch natürliche Autorität entsteht, gibt einem die Sicherheit und den Freiraum, wirklich Eigeninitiative zu ergreifen und eigene Erfahrungen zu machen. Kinder und Jugendliche wissen das – so gut, dass sie, wenn ihnen positive Vorbilder und echte Autorität fehlen, auf die Barrikaden gehen. Genau wie es Hunde tun, wenn sie bei Menschen aufwachsen, die ihnen das versagen. Und wie bereits festgestellt: Ohne diese Erziehungsform wäre keine biologische Evolution von Säugetieren möglich gewesen.

Vielleicht sollten die Befürworter der antiautoritären Erziehung – sowohl bei Menschen- als auch Hundekindern – noch einmal über diese Dinge nachdenken. Vielleicht meinen sie ja eigentlich eine antidespotische Erziehung.

Die Elterntiere dienen den Welpen als absolutes Vorbild. Werden wir als »Ersatzeltern« dieser Rolle gerecht?

Neues aus der Hunde-»Fach«-Welt?

Ich will dieses Buch nicht abschließen, ohne auf ein paar seltsame Auswüchse der sogenannten modernen Hundeerziehung einzugehen. Es vergeht kaum ein Tag, an dem ich nicht verwunderliche Dinge oder Ratschläge über den alltäglichen Umgang mit unseren Hunden höre. So dürfen die einen Hundebesitzer ihren Hund nicht mit in den 1. Stock ihres Hauses nehmen, da er sonst zu dominant würde. Na, da kann man ja nur froh sein, wenn man in einer Etagenwohnung wohnt! Wieder andere müssen immer als Erster durch Tür und Tor gehen, aus demselben Grund. Ich könnte jetzt noch Dutzende ähnlicher Beispiele anführen, will es aber damit gut sein lassen.

Das Treppensteigen

Bleiben wir gleich bei dem Beispiel mit dem 1. Stock. Falls Sie ein Haus haben, das über mehrere Etagen verfügt, herzlichen Glückwunsch! Aber warum sollte Ihr Welpe oder Ihr Hund nicht nach »oben steigen« dürfen? Wenn Sie ihn artgerecht erzogen haben, tut das Ihrem Status als Rudelchef in keinster Weise Abbruch. In der Natur dürfen die Welpen und Junghunde natürlich ihren Expansionsdrang und ihren Wissensdurst ausleben, indem sie auf Hügel oder auf dem Boden liegende Baumstämme klettern. Die Althunde dösen derweil unter ihnen in der Sonne ... Meinen Sie, dass dadurch ihre Autorität in Frage gestellt wird?

Überholte Ansichten

Weder ein so genannter überhöhter Platz noch die Frage, wer als Erster durch Tür und Tor geht, entscheidet, wer der Rudelchef ist. Wichtig ist nur die Tatsache, dass Sie alles im Hundesinne richtig machen und danach konsequent handeln!

Wer macht den ersten Schritt?

Schauen wir uns das andere Beispiel an. Es wird geraten, dass Sie als »Hundeführer« immer als Erster durch die Türe gehen. Betrachten wir auch diesen »Erziehungstipp« gleich im Rudelalltag. Hier würde das bedeuten, dass die Althunde immer vorangehen müssten. Das wäre biologisch und damit überlebenstechnisch ziemlich unsinnig. Man stelle sich vor, das Rudel befindet sich auf der Jagd, in einem fremden Gebiet. Gleich haben sie das kranke Tier erreicht, es hat sich aber in einem Gebüsch versteckt, das zudem sehr unzugänglich liegt. Keiner in der Runde weiß, wie viel Blut das Tier schon verloren hat, mit wie viel Gegenwehr man also noch zu rechnen hat. Müssten die Althunde, die Chefin und der Chef, nun – um ihre Dominanz dem restlichen Rudel gegenüber zu beweisen – in dieser gefährlichen Situation vorangehen, könnte das fatale Folgen haben. Wäre das zu erbeutende Tier noch kampfbereit, könnte es die Althunde töten oder sie schwer verletzen. Geschieht das, ist das Rudel auf einen Schlag ohne Führung. Das heißt aber, dass es sich erst einmal neu formieren muss. Zahllose Rangordnungskämpfe und Unruhen würden ein normales Rudelleben nicht mehr zulassen. Es könnte sogar zum kompletten Auseinanderfallen der Gruppe kommen. Damit wären auch die restlichen Rudelmitglieder gefährdet, und das wäre wirklich nicht im Sinne einer intakten Familie, die jedes Mitglied zum Überleben benötigt!

Somit ist klar, dass nicht die Althunde als Erste gehen, sondern dass jüngere »Späher« vorausgeschickt werden. Sie haben die Aufgabe, die ganze Sache zu erkunden und den Weg für die restliche Rudelmannschaft frei zu machen. Würde diese »Späher« oben genanntes Schicksal ereilen, würden sie dabei getötet oder schwer verletzt, würde dies dem Rudel wenig schaden. Solange die Chefs in ihrer Position bleiben, hat das Rudel weiterhin seine Stabilität. Denn sie haben ja bereits bewiesen, dass sie ein Rudel leiten können, und werden auch dabei helfen, diese Verluste zu kompensieren. Die Erfahrung der Erfahrenen bleibt allen erhalten, was wiederum zum Überleben der ganzen Familie beiträgt.

Wenn Ihr Hund also als Erster durch die Türe geht, lassen Sie ihn ruhig. Sie verlieren dadurch in keinster Weise Ihre Autorität, denn die haben Sie ihm längst auf andere Weise klargemacht. Und ins Auto muss er sowieso vor Ihnen einsteigen ...

Das Gleiche gilt, wenn Ihr Hund auf dem Boden liegt. Er muss nicht aufstehen und weggehen, damit Sie Ihre Autorität bewahren. Auch Althunde weichen herumliegenden und dösenden Rudelmitgliedern aus und gehen um sie herum. (Dass einzelne Hunde ihnen ab und an ausweichen müssen, hat meist ganz andere Hintergründe.) Wie gesagt: Was einen zum Chef macht, ist die geistige und emotionale Autorität und sind nicht solche »Machtdemonstrationen«! Auf so einen Einfall können nur Menschen kommen, die erstens nicht viel von Hundeverhalten verstehen und zweitens selbst ein Machtproblem haben.

Calming-Signals

Des Weiteren sind in letzter Zeit sogenannte Beschwichtigungssignale, »Calming-Signals«, in Mode gekommen. Das bekannteste dürfte das »Gähnen« sein. Sogenannte Beschwichtigungssignale deshalb, weil das Ganze aus verhaltensbiologischer Sicht ein ziemlicher Unfug ist. So stellt zum Beispiel das »Gähnen« keine Beschwichtigung dar, sondern ist Ausdruck von einem **Denkvorgang**! Das Gähnen macht dies nach außen hin deutlich. Zudem bedeutet es, dass der Hund die Situation anders beurteilt als zum Beispiel wir oder eigentlich etwas völlig anderes vorhatte. Damit ist klar, dass es gar nichts bringt, mit seinem Hund zu gähnen oder ihm dies gar vorzumachen. Wenn Sie Ihren Hund einmal beobachten, in welcher Situation er gähnt, werden Sie interessante Dinge entdecken!

Gähnen bedeutet keine Beschwichtigung, sondern drückt einen dipolaren Denkvorgang unseres Hundes aus!

Artgerechte Disziplinierungsmaßnahme?

Kommen wir zum »Schnauzengriff« als angeblich artgerechtere Disziplinierungsmaßnahme als das »Nackenschütteln«, weil unser Hund das als Beutetotschütteln missverstehe und davon tödliche Angst bekomme.
Stellen Sie sich mal einen Wolf in freier Wildbahn vor, der ein Reh totschüttelt ... Ich glaube, es leuchtet ein, dass so etwas allein schon aus anatomischen Gründen gar nicht möglich ist. Ein großes Beutetier wird bei lebendigem Leib aufgerissen und, sobald es schwach genug ist, mit einem Kehlkopfbiss getötet. Bei kleineren Beutetieren verhält es sich etwas anders. Dort kann man tatsächlich ein »Schütteln« beobachten. Aber es ist trotz alledem kein »Totschütteln«. Angenommen, unser Wolf hat ein größeres Exemplar einer Maus gefangen. Dann kann man beobachten, dass er sie immer wieder in die Luft wirft und

auf den Boden fallen lässt, um sie danach zu packen und zu beuteln. Was hat das zu bedeuten? Ganz einfach, es geschieht aus ernährungsphysiologischen Gründen. Denn dieses kleine Beutetier besteht ja nicht nur aus Fleisch, sondern enthält zudem weitere wichtige Bestandteile, welche der Wolf dringend für eine gesunde Ernährung benötigt: Fell, Haut, Knochen und die gesamten Innereien. Durch diese Art der »Zubereitung« werden die Knochen gebrochen und die inneren Organe gequetscht und dann gut durcheinandergemixt, um sie leichter verdaulich zu machen. Das ist der Sinn des »Schüttelns«. Getötet wird das Beutetier in der Regel bereits beim ersten Biss, der das Rückgrat des Tieres durchtrennt.

Der Schnauzengriff hingegen stammt aus dem Bereich der Schnauzenzärtlichkeit und des Futterbettelns. Die Welpen stupsen mit ihren Schnauzen an die Lefzen oder an die Mundwinkel der älteren Hunde, damit diese Futter hervorwürgen. Dies wird von den älteren Hunden auch anstandslos gemacht. Bis zum Tag X. So ca. ab der 8. Lebenswoche der Welpen passiert nämlich Folgendes: Ein Welpe nähert sich mit der Absicht des Futterbettelns dem Althund. Er stupst diesen in bekannter Manier an die Lefzen, damit er Futter hergibt.

Doch die Zeiten ändern sich und damit auch die Form der Nahrungsaufnahme. Der Altrüde würgt diesmal kein Futter hervor, sondern greift den Welpen mit seiner Schnauze über dessen Fang und brummt dabei. Dieser – vollkommen verdutzt über die ungewohnte Reaktion des Althundes – quietscht und wirft sich vielleicht sogar auf den Rücken. Diese Art der Reaktion wiederholt sich ab jetzt immer wieder, um den Welpen klarzumachen, dass die Zeit der problemlosen Nahrungsaufnahme ein für alle Mal vorbei ist. Beobachtet man diesen Vorgang genauer, wird man feststellen, dass er nichts mit wirklicher Disziplinierung zu tun hat. Er hat eher einen beschwichtigenden Charakter, so nach dem Motto: »Kleiner, es tut mir leid, aber die Zeit ist vorbei, wo ich dir Futter hervorwürge. Jetzt geht es an das Erwachsenwerden, und du musst jetzt genauso fressen wie alle anderen auch!« Echte Tabu- und Regelübertretungen werden dagegen mit dem Nackengriff geahndet.

Dieser Hund kommt aus dem Wasser und schüttelt sich kräftig. Oft sieht man aber auch Hunde, die sich in Situationen schütteln, so als kämen sie aus dem Wasser. Dies bedeutet, dass sie sich eine vorgenommene Absicht buchstäblich abschütteln, um damit einen neutralen Status zu erlangen.

Was Sie selbst durch Beobachten erkennen können

Damit Sie aber vielleicht doch noch etwas wirklich Neues über Ihren Hund erfahren, hier ein paar Verhaltensweisen, die Sie täglich beobachten können, und ihre Erklärung, die Sie vielleicht verblüffen wird.

Was meint Ihr Hund, wenn er sich in den verschiedensten Situationen unvermittelt »schüttelt«, so als käme er gerade aus dem Wasser? Damit zeigt er, dass er ein Vorhaben abschüttelt, das er eigentlich in diesem Moment durchführen wollte. Ein Beispiel hierzu: In einer Gruppe auf der Hundewiese schüttelt sich mitten im Gewühle urplötzlich Ihr Hund. Was hat ihn dazu veranlasst? Vorausgegangen war, dass – etwas von ihm entfernt – ein älterer Hund einen Junghund disziplinierte. Ihr Hund wollte eigentlich diesem Althund helfen, da sie Freunde sind oder, besser gesagt, ein »Ziehsohn-Vater-Verhältnis« haben. Er wollte sich auf den Weg dorthin machen, da kam ihm von der anderen Seite ein Hund in die Quere, den er nicht riechen kann. Um die Situation zu entschärfen, gibt Ihr Hund seinen Plan auf und schüttelt sich dabei. Er zeigt damit den anderen Hunden seine neue neutrale Einstellung an, und das Spiel kann weitergehen.

Diese Stellung bedeutet bei unseren Hunden: »Ich führe nichts Böses im Schilde«. So drückt der Hund seine neutrale Stellung und Sinneshaltung im Rudel oder bei uns aus.

Ein anderes Verhalten, das dem Menschen meist ein Dorn im Auge, aber leider absolut notwendig für unseren Hund ist, ist das »In-unaussprechlichen-Sachen-Wälzen«. Es stammt aus der Prahlerei über die Jagdbeute. Nach erfolgreicher Jagd reiben sich die Althunde als Erstes ihre Flanken an dem aufgerissenen Bauch der Beute, um den markanten Duft von Blut und Eingeweiden aufzunehmen. Nichts anderes tut unser Hund, nur ritualisiert. Beim Spaziergang findet er ein totes Tier oder Ähnliches und wälzt sich genüsslich darin. Das macht was her! So wie wenn Sie Parfüm oder Aftershave auflegen, um einen guten Eindruck zu machen. Also, auch wenn

es Ihnen schwerfällt: Lassen Sie Ihrem Hund bitte dieses Ritual, er braucht es für ein gesundes Seelenleben!
Immer wieder werden Sie feststellen, dass Ihr Hund sich in den verschiedensten Situationen streckt. Dies sieht meist so aus, als ob er eine Spielaufforderung machen würde. Er streckt seine Vorderbeine nach vorne, aber nicht weit gespreizt wie bei der Spielaufforderung, sondern parallel zusammen. Dabei hebt er sein Hinterteil wie bei der Spielaufforderung an. Damit drückt Ihr Hund nichts anderes aus, als dass er in einer neutralen Stimmung ist: Er signalisiert der Umgebung, dass er nichts »Böses« im Schilde führt und die Dinge, die da kommen mögen, entspannt auf sich zukommen lässt.
Und so gäbe es noch unendlich viel zu erzählen von der vielschichtigen Kommunikation zwischen Hunden und Menschen, aber das würde den Rahmen dieses Buches sprengen. Ich werde dies in meinem nächsten Buch nachholen, ich hoffe, wir haben wieder das Vergnügen ...
Ich wünsche Ihnen viel Spaß in Ihrem neuen Hundeleben!

Wenn Sie als »Ersatzelterntier« alles richtig gemacht haben im Sinne unserer Hunde, werden diese ein Miteinander immer einem Gegeneinander vorziehen. Dann tut es Ihrem Führungsanspruch auch keinen Abbruch, wenn Sie Ihrem Hund mal den Vortritt lassen.

Schlussgedanken

Dieser Hund ruht entspannt und in innerer Zufriedenheit. Ist er glücklich? Wie ist es um sein Seelenwohl bestellt? Wer kann sich anmaßen, diese Fragen mit Bestimmtheit zu beantworten? Aber jeder Hundefreund sollte sich ein paar Gedanken darüber machen. Unser »bester Freund und treuer Begleiter durch alle Lebenslagen« hat es verdient.

Von der Seele des Hundes

Es leben mehrere Millionen Hunde auf dieser Erde. Unzählige von ihnen wurden und werden von Menschen für diverse fragliche Einsätze miss- und gebraucht. Waren es früher die Kampfhunde der Antike oder die Militärhunde, ist es heute oft die »Wissenschaft«, die Hunde für fragwürdige Experimente verwendet. Die wenigsten von ihnen dürfen das tun, wozu sie uns Menschen seit alters gedient haben, nämlich als wirkliche Arbeitshunde wie Schäfer-, Wach- oder Jagdhunde arbeiten. Der Mensch scheint seinen Hund nur noch als Sport- und Kompensationsgerät zu brauchen.

Kein Mensch würde leugnen, dass wir eine Seele haben, auch wenn man diese nicht wissenschaftlich erfassen kann. Dass wir Emotionalität und Bewusstsein besitzen. Auch dass wir über abstrakte Kognition und Selbstreflexion verfügen, würde nicht einmal der fundamentalste Materialist verneinen. Dass jedoch unsere Hunde diese Fähigkeiten und Eigenschaften haben, wird stark bezweifelt oder sogar verneint. Zahlreiche Experimente und Untersuchungen wurden deswegen in den letzten Jahrzehnten durchgeführt – ein Resultat wurde nicht gefunden.

Wie auch immer man zu diesem Thema stehen mag, ich möchte zum Abschluss dieses Buches noch eines anmerken: Die lange Geschichte des Zusammenlebens von Hund und Mensch dauert bis zum heutigen Tage an.

Es waren nicht immer nur schöne Zeiten, vor allem für die Hunde. Unzählige verloren dabei ihr Leben. Der Mensch war zu keiner Zeit nur Freund und Kumpan des Hundes, sondern stets auch ein Leid- und Todbringer.

Trotzdem glaube ich, dass die Hundeseele der Menschenseele sehr nahe steht. Denn sie hat sich unserer über diesen langen Zeitraum angepasst, und nicht nur angepasst, sondern auch unsere Seele durchdrungen.

Konrad Lorenz bemerkte in »So kam der Mensch auf den Hund« dazu: »Dasjenige unter allen nichtmenschlichen Lebewesen, dessen Seelenleben in Hinsicht auf soziales Verhalten dem des Menschen am nächsten kommt, also das im menschlichen Sinne edelste aller Tiere, ist eine Hündin.«

Um auf den Anfang dieses Buches zurückzukommen: Dort wurde die These aufgestellt, dass der Mensch sein hoch entwickeltes Sozialverhalten zu ganz wesentlichen Teilen vom Stammvater unserer Hunde, also dem Wolf, erlernt hat. Selbst wenn das nicht stimmen sollte, bleibt doch die Frage: Was wäre der Mensch ohne seinen Hund?

Treuer Gefährte

Von der Seele des Hundes ... ist noch sehr vieles ungeklärt.

Trotzdem reicht das kynologische Wissen über eine argerechte Erziehung und Beziehungstraining aus, um eine problemlose Freundschaft und Zeit mit unserem Vierbeiner zu haben und zu verbringen.

Hundegebet

Lieber Himmelhund, ich möcht gern richtig stink'gen Schweinkram fressen
und nicht das Designermenü aus der Fernsehwerbung essen.
Ich möchte nicht, dass mich parfümierte Hände streicheln, nein,
meine Nase ist zu fein für Gucci und für Calvin Klein.
Ich will kein Mäntelchen tragen, will nicht, dass man mich frisiert,
mir die Ohren spitzer schneidet oder mir den Schwanz kupiert.
Das sollst Du mit Herrchen machen, und wenn er sich dreht und windet,
na, dann woll'n wir doch mal sehn, ob er das noch witzig findet!
Lieber Hund im Himmel, stopp diese Barbarei
und auch die idiotische Silvesterknallerei.

Lieber Himmelhund, ich will wie rechtschaffene Hunde heißen
und nicht Rambo, Müntefering, Dr. Klöber oder Tyson,
weil der Mensch es für unglaublich originell und witzig hält,
wenn er uns vermenschlicht und sich zugleich hoch über uns stellt!

Reinhard Mey, Nanga Parbat

Über den Autor

Uli Köppel war 20 Jahre Schüler und Freund des weltweit anerkannten Hundeverhaltensforschers Eberhard Trumler. Seit dessen Tod führt er eigenständig diese Arbeit fort mit dem Schwerpunkt, die Aufmerksamkeit auf das richtige Mensch-Hund-Beziehungsverhältnis zu lenken. Anhand der von Trumler erforschten Grundlagen des Verhaltens von Hunden und Wölfen entwickelte Uli Köppel eine artgerechte Erziehungspraxis, das so genannte Rudelkonzept.

Uli Köppel hält Vorträge und bietet Seminare sowie Einzelunterricht an. Der Mensch als Hundehalter und Rudelchef steht bei ihm im Mittelpunkt. Sein Ziel ist, dem Hundehalter einen artgerechten Umgang mit seinem Hund zu vermitteln.
Uli Köppel hat mehrere Bücher zum Thema geschrieben und zahlreiche Artikel in Zeitungen und Hundezeitschriften (z. B. »Der Hund« und »Partner Hund«) veröffentlicht.
www.uli-koeppel.de

Bibliografische Information der Deutschen Nationalbibliothek

Die Deutsche Nationalbibliothek verzeichnet diese Publikation in der Deutschen Nationalbibliografie; detaillierte bibliografische Daten sind im Internet über http://dnb.d-nb.de abrufbar.

3. neu bearbeitete Auflage, Neuausgabe

BLV Buchverlag GmbH & Co. KG
80797 München

Bildnachweis
Alle Fotos H. Brandl, A. Englmeier und U. Köppel, außer:
S. 2/3: Juniors/M. Wegler
S. 33: Juniors/C. Steimer
S. 35: Juniors/U. Schanz
S. 95: Juniors/P. Cherek

Umschlagfotos: U. Köppel

Lektorat: Dr. Friedrich Kögel
Herstellung: Angelika Tröger
DTP: Satz+Layout Peter Fruth GmbH, München

Gedruckt auf chlorfrei gebleichtem Papier

Printed in Germany
ISBN 978-3-8354-0714-5